韓国の 郷土料理

한국전통 향토음식

국립농업과학원 지음

21세기사

発刊の辞

韓国の食べ物や飲み物、つまり韓食は野菜中心のものが多く、その上醗酵食品も多様で健康にとても良いものです。そして五つの色と五つの味の調和が魅力的で、食材本来の味を活かして調理をすると言う自然的な方法によって、素朴で実用的な食卓を作ります。韓国人にとって「食」と言うのは、「薬」と同様で(医食同原)、社会全体がウェルビーイングな生活に対する関心を高めている近年、まさに未来の食生活の手本になっています。

韓国では昔から「シントブリ(身土不二)」と言う習慣があり、地元で生産される食材を優先的に使った故に各地域では独特な郷土料理が発展しました。山の多い北東部地域と、海や島に囲まれた南西部地域では、それぞれの特色のある飲食物や食文化が引き継がれています。

本書では韓国の九つの道の郷土料理の中から、計100種を選び、皆様に紹介することになりました。地域別に分けた材料と調理法、豆知識、写真などを載せ、外国の方にも韓国の自然、文化、そして情緒を感じていただき、更に実際にも作って食べてみていただければと心から願っております。

傳統韓食科

國立農業科學院
農村振興廳

Contents

第1部

主食類

中分類	定義
1. ご飯	穀類に約1.2〜1.5倍の水を加えて加熱し、嵩と粘性が増えた食べ物。穀類に野菜、海鮮物、肉類などを入れて炊くこともある。
2. 粥	米、麦、あわなどの穀類に6〜7倍の水を加えて長時間加熱し、穀類の粒が完全に柔らかくなった流動食。白米だけを使うこともあれば、米に他の穀類や堅果類 、野菜類、肉類、魚・貝類、漢方薬剤などを入れて作る場合もある。
3. 重湯、 　**ごった煮、** 　**ウンイ**	**重湯** 多量の水分を加えてよく煮た薄い粥の上澄み液のことをいう。白米に10倍程の水を加えて煮た後、ガーゼなどで 飯粒を除き、つゆをとる。 **ごった煮** とうもろこし、カボチャ、じゃが芋などを主材料とし、小豆や豆、そして穀類の粉を加えて加熱した食べ物。 **ウンイ** 穀類を粉状にしてから干したものを使っう粥。五味子などの汁を加えることもある。
4. 麺、 　**すいとん**	**麺** そば粉、小麦粉、デンプンなどをこねて薄くのばし、切ってから汁に茹でたり、ソースに混ぜて食べるもの。 **すいとん** 麺の方より柔らかくこねて手で薄くちぎり汁に入れる。汁は肉汁かだし汁を使えばいい。
5. 餃子（まんじゅ）	小麦粉、そば粉または野菜、薄切り魚の身で皮を作る。そして皮で牛肉、鶏肉、豆腐、モヤシなどを混ぜた具を包んで加熱した食べ物。蒸し、焼き、スープに入れるなど多様な調理法がある。
6. トック	米の粉を蒸してついてから作った白く丸いカレトックを薄切りにしてだし汁に入れて加熱した食べ物。 だし汁の素材として昔はキジ肉を使うこともあったが、今は通常は牛肉や鶏肉を使う。地域によってカキ、イボシなどを使う所もある。トッピングとしてひき肉の炒め、錦卵、ネギなどをのせる。
7. その他	主食類に入るものの、上記の中分類にも属さない食べ物。

副食類

中分類	定義
1. スープ	肉類、魚介類、野菜類、海藻類などでだしをとった汁。 **チャンクッ** 水または牛の胸肉汁に醤油で味をつけ、具を入れて加熱したスープ。 **トジャンクッ** 米とぎ汁にテンジャンかコチュジャンで味をつけ、具を入れて加熱したスープ。 **コムクッ** 肉汁でだしをとり、塩であじつけをしたスープ。 **ネンクッ** 沸騰させたお湯を冷まし、醤油で味付けをし、生で食べられる食材を入れて作る冷たいスープ。
2. 鍋および汁	**チゲ（鍋）** 汁と具の比率が1：1になる鍋物。味をつける素材によりテンジャンチゲ、コチュジャンチゲなどの名前がついている。 **チョンゴル** 肉類、魚介類、野菜類などを入れて肉汁を加え、即席で煮立てる鍋物。
3. キムチ	白菜などの野菜と海藻を塩漬けにし、とうがらし、ネギ、ニンニク、しょうがなどの薬味と塩辛を混ぜたものを中身にして醗酵させた食べ物。主な素材は白菜、大根などで他の葉っぱ類や根菜などを使う。
4. ナムル	**センチェ（生菜）** 野菜を生、または塩漬けをヤンニョムに和えた物。 **スクチェ（蒸菜）** 野菜を軽く茹でたり、炒めたりしてヤンニョムで和えた物。 **その他** センチェやスクチェに属しないもので肉類や野菜などの様々な食材で作る。
5. 焼き	肉類、魚介類、ツル人参などの野菜を塩またはヤンニョムで焼いた食べ物。
6. 煮物およびチム	**煮物** 肉類、魚介類、野菜類などに味付けをし弱火で煮詰める食べ物。食材に味がしっかりとしみこむようにする。味付けは主に醤油を使うが、食材がサバやサンマのようににおいの強い魚の場合は醤油ベースにテンジャンやコチュジャンを混ぜて煮た方がいい。 **チム** 汁がチゲよりは少なく、煮物よりは多い食べ物。主な食材は魚介類で、焼いてから汁を少し加え作ったりする。
7. 炒め・チョ（炒）	**炒め** 肉類、魚介類、野菜類、海藻類、穀類、豆類などを油で炒めた食べ物。油だけで炒める調理法もあれば、醤油、砂糖を加える場合もある。 **チョ（炒）** 醤油、砂糖、油で汁がなくなるまで煮詰める食べ物。アワビ炒、ムール貝炒などがある。

副食類

中分類	定義
8. チヂミおよび串焼き	**チヂミ** 肉類、魚介類、野菜類、海藻類などの食材をみじん切りにしたり薄切りにし、塩・コショウで味付けをする。小麦粉と卵の順に つけて油で焼いた物。 **串焼き** 肉類、魚介類、野菜類、海藻類などの食材を1cmほどの幅、10cm程の長さに切り、彩りよく串に指す。そして小麦粉と卵の順につけ油で焼いた物。
9. 蒸および軽蒸	**蒸** 食材を大口に切り、ヤンニョムをしてから水を加え長時間煮詰める食べ物。蒸法は水蒸気、湯煎などがある。 **軽蒸** きゅうり、かぼちゃ、豆腐などを軽く蒸して酢醤油につけて食べるもの。
10. 刺身 (Raw or slightly cooked foods)	**生刺身** 肉類、魚介類、海藻類などを生で食べる方法。食材の薄切りや細切りにしてタレをつけて食べる。タレは酢コチュジャン、マスタード、塩またはコショウなどで作る。 **蒸刺身** 魚介類、野菜類、海藻類などを軽く蒸して食べる。 **酢刺身** 魚介類、野菜類、海藻類などをタレで和えて食べる。タレには酢、醤油または塩を使う。 **カンフェ** 刺身の食材をセリやわげきなどの細い野菜でくるりと丸めて酢コチュジャンにつけて食べるもの。 **ムルフェ** 魚を細切りにしてネギ、ニンニク、とうがらしなどのヤンニョムに和えて冷水を加えて作る食べ物。
11. 干し物およびその他	**揚げ物** 野菜類や魚介類にもち米汁をつけて干したものを油で揚げたもの。 **塩漬け** 魚介類や海藻類に塩をたくさんつけておく。揚げたり焼いたりいろいろな調理法がある。 **ティガク** 主に海藻類の食材を乾燥のまま油に揚げた食べ物。 **ポ** 肉類と魚介類をヤンニョムし、薄くのばして干したもの。

副食類

中分類	定義
12. スンデ、茹で肉	**スンデ** もち米、モヤシ、白菜などので具を作り、ヤンニョムしたものを豚肉の腸の皮で包み両端をとめて蒸した物。 **茹で肉** 牛肉または豚肉（胸肉、ひかがみ肉）などを茹でて冷ます。十分冷ましたら重いもので押してから薄切りにしてタレなどをつけて食べる物。
13. ムックおよび豆腐	**ムック** そば、緑豆、ドングリ、クズなどの粉に水を加えて沸騰させてから冷ます。ジェリー状に冷ましてから食べる。冷たいほどおいしい。 **豆腐** 豆を水にふかして加熱してつくる。
14. サム	野菜または海藻類でご飯やおかずを包んで食べる。包みの食材は生、または軽く茹でて使うことが多い。
15. 漬物	野菜類を塩水、醤油、テンジャン、コチュジャンなどで長時間つけておくもの。
16. 塩辛およびシッケ	**塩辛** 魚介類の身、内臓、白子などに20％の塩を加え、醗酵させた食べ物。 **シッケ（醗酵もの）** 塩漬けにした魚の身にご飯（あわご飯、白米ご飯）と大根の細切り、とうがらし粉、薬味などを混ぜて醗酵させた食べ物。
17. ジャン	豆を蒸してから固めて作るもので醤油、テンジャン、コチュジャンが基本である。
18. その他	副食類に含まれるものの、上記のどの中分類にも属さない食べ物。

もち類

中分類	定義
1. 蒸もち	セイロウなどで蒸すもち。
2. つきもち	穀類の粉を蒸した後、ウスなどでついたもち。
3. チヂミもち	穀類の粉をこねて形を作り、熱したフライパンに油で焼くもち。
4. 茹でもち	穀類の粉をこねて形を作り、茹でる。水気をきりまぶし粉などをつけたもち。
5. その他	もち類に含まれるものの、上記のどの中分類にも属さないもち。

お菓子類

中分類	定義
1. 油蜜果	小麦粉にはちみつと油を加えてこねて形を作る。そして油で揚げた後、はちみつや飴をつけた伝統菓子。
2. 油菓	もち米に豆汁や酒を加えてこねた後、蒸してからつき、薄くのばして干す。干したものを油に揚げてから砂糖やまぶし粉をつけた伝統菓子 。
3. 茶食	穀類の粉、堅果類、花の粉などをはちみつにこねて型で押してつくる伝統菓子 。
4. 正果	植物の根、茎、種などを姿のまま茹ではちみつや砂糖に煮詰めた伝統菓子。
5. 飴カンジョン	豆や堅果類に飴汁やはちみつ、砂糖シロップを加えた伝統菓子。
6. 飴	米、もち米、キビ、さつま芋などの食材に麦芽の粉を混ぜ、煮詰めたもの。
7. その他	お菓子類には入るものの、上記のどの中分類にも属さないお菓子類。

飲み物類

中分類	定義
1. 茶	各種の薬剤、果物、茶の葉っぱなどの材料を干したり粉にしたり、または薄切りをはちみつや砂糖につけてからお湯に溶かして飲むもの。
2. 花菜（ファチェ）	果物や花を様々な形に切り、はちみつや砂糖につけてから五味子水や砂糖水、はちみつ水に浮かせて飲む物。
3. シッケ	麦芽の粉の水にご飯（白米、もち米）を入れて一定の温度と時間においておく飲み物。
4. スジョングァ	しょうがや桂皮などを沸かした汁に、はちみつや砂糖を加えて甘くしてから干し柿を入れた飲み物。
5. その他	飲み物に含まれるものの、上記のどの中分類にも属さない飲み物。

酒類

中分類	定義
1. 薬用酒濁り酒	穀類を醱酵させ、アルコール成分を加えて作る飲み物。
2. 蒸留酒	穀類酒を醱酵させてから再び蒸留し、アルコール成分が多めになるように作る酒。（焼酎など）
3. その他	酒類に含まれるものの、上記のどの中分類にも属さない酒類。

第2部

[ソウル・京畿道]

ソウルは朝鮮時代から都だったため王室文化が地域の料理に多くの影響を与えた。また各地から行き来する人も多く、それにつれ多様な食文化が生まれ、どの地域よりも料理の材料と数に富んだところである。

ソウルの料理は刺激的でなくしょっぱくない。料理を出す時は量は少なくし、数が多いのが特徴である。

キムチを作る時はアミの塩辛、イシモチの塩辛などの淡白な味の塩辛汁と生えび、生タチウオなどをよく使いさっぱりして淡白な味が特長である。そしてソウルの食べ物は、外国からのお客さんも多かったために彩りに気を使い、華麗なトッピングで飾りをする料理が多い。

ソウルの食に比べ、京畿道の食べ物は素朴で量が多くヤンニョムもわりとシンプルな料理が多いのが特徴。多様な食材を混ぜて調理したり、ズッキーニ、じゃがいも、とうもろこし、小麦粉、小豆ながをよく使われる。

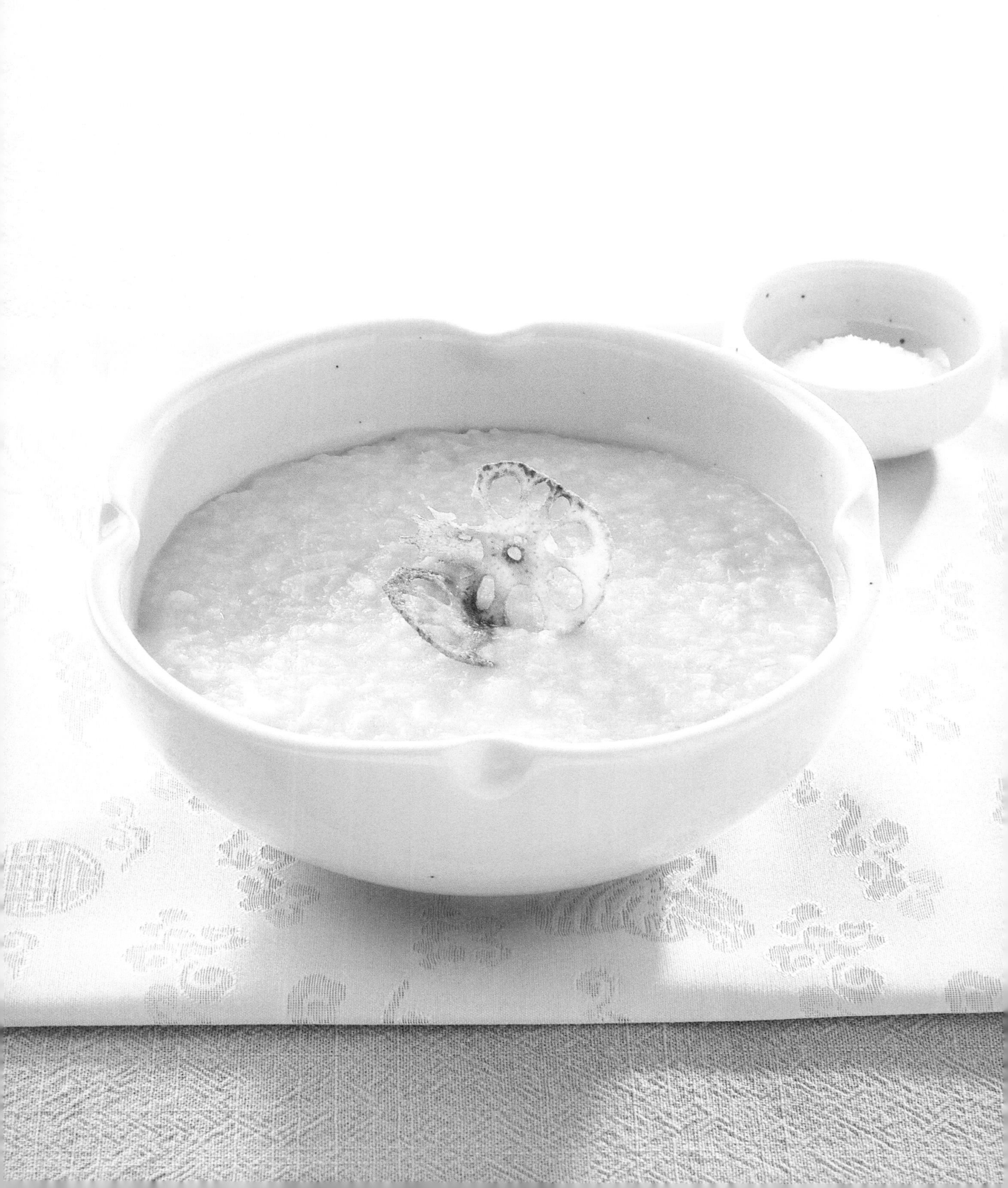

ヨングン・ジュク
（レンコンの粥）

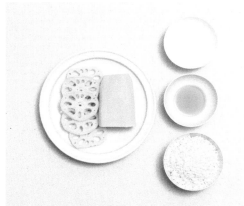

材料

米 240g、レンコン200g、水 1.6L、塩 適量、ごま油 大さじ1

作り方

1 レンコンは洗って皮をむく。半分はすりおろし、半分は0.3cmくらいの幅に薄切りにする。

2 米は洗って水に20分つけてから水気を切って置く。

3 鍋にごま油をひき、米と薄切りにレンコンを炒める。炒める途中に水を入れて煮る。米が柔らかくなったらすりおろし、レンコンを加えてさらに煮る。最後に塩で味をつける。

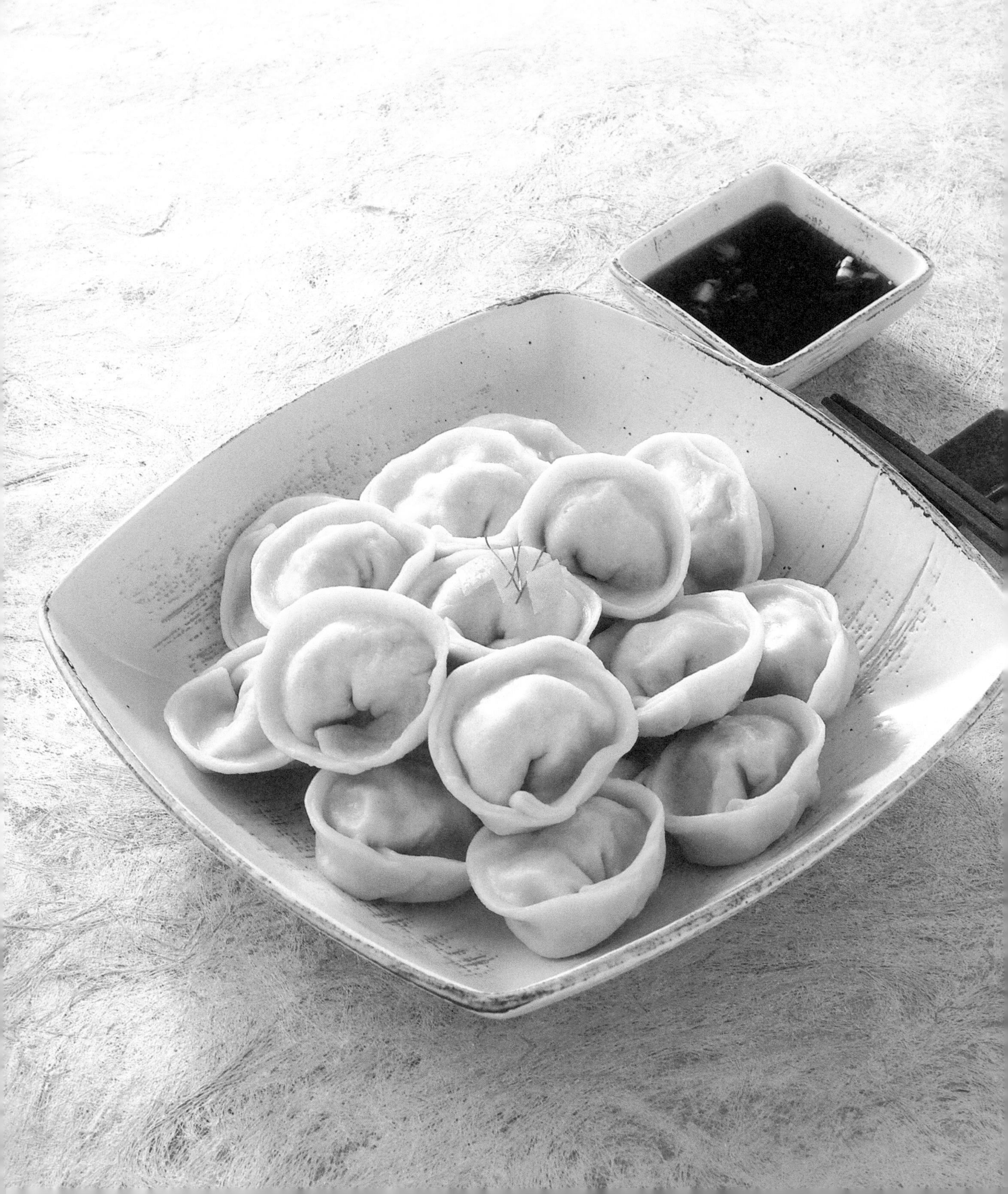

ケソン・ピョンス
(開城式餃子)*

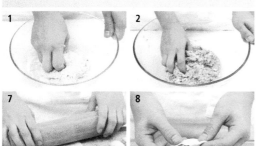

材料

餃子の皮 小麦粉　220g、卵の白身　1個分、水　適量、塩　小さじ　1

餃子の具 牛肉 100g、豚肉　100g、豆腐　150g、もやし　100g、白菜キムチ　100g、卵の黄身 1個分、塩　適量

肉のヤンニョム しょうゆ 大さじ1、ねぎのみじん切り 大さじ2、にんにくのみじん切り 大さじ1、ごま油 大さじ2、ごま塩　大さじ1、こしょう　小さじ 1

具のヤンニョム アミの塩辛　大さじ1、唐辛子粉　小さじ1、ごま油 大さじ1、塩　適量

作り方

1 小麦粉と塩をふってふるいにかけ、卵の白身と水を入れてこねる。水にぬらしたガーゼを上にかけ 30分ほどおいておく。

2 牛肉と豚肉はミンチのように細かくみじん切りにし、「肉のヤンニョム」を入れ、混ぜ合わせる。

3 豆腐はガーゼに包み、砕いてから具のヤンニョムを入れ、練り合わせる。（アミの塩辛は予めて細 かめなみじん切りにして使う）

4 もやしは塩入りの熱湯で茹で、水気をきってみじん切りにする。

5 キムチは水気をきって手でぎゅっと絞り、細かく切る。(0.5cm)

6 2, 3, 4, 5と卵の黄身を混ぜ合わせ、具を作る。

7 1を薄くのばし、厚さ0.3cm、直径6cmほどの円形を作る。（皮）

8 皮で6の具を包む。両端の耳をくっ付け真ん中が膨らんだ形にする。沸騰するお湯に入れ、浮かび上 がったら冷水にさらし、水気をきる。

9 器に盛り付けそのまま食べてもいいし、テンジャンスープに入れ、ひき肉炒めと錦糸卵をトッピン グして食べてもおいしい。

豆知識

マンデゥ(饅頭)のマン(饅)は「蠻」という言葉から、デゥ(頭) は人の頭を意味する。

「事物紀原」によると、昔中国の「蜀」という国に「諸葛孔 明」という名の人がいた。「諸葛孔明」が南地方の征伐のため 兵士を引率して進軍する時だった。兵隊が瀘水川辺に着いた 時、いきなり強風がふいて渡ることができなくなっていた。そ の地方は繰り返される戦乱で多くの人が死んだ地で、怒った 亡魂を退散させるためには49の人頭を供物にして祭りを行わ ないといけないと言われた。「諸葛孔明」は羊と豚の肉を皮で 包んで人頭の形を作り、祭りを行った。そしたら強風は沈み、 無事に渡ることができた。この時の供物が「饅頭」と名づけら れ、広がるようになる。ピョンスという言い方はお湯に茹でて からすくい上げるという意味からきている。

* マンデゥは西洋人にも親しまれている食べ物である。中国の点心、日本の餃子など、国柄に よってそれなりの特徴がある。

チョギョタン
（草轎湯-鶏肉と野菜の入った夏の保養食）

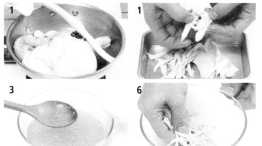

材料

鶏肉（まるごと１匹） 1kg、キキョウ 80g、せり 50g、たけのこ 100g、小麦粉 110g、卵 100g、万能ねぎ 30g、赤唐辛子 10g、牛肉 100g、干ししいたけ 10g、肉汁(鶏肉) 2L(10カップ)、ごま油 大さじ1/2、薄口しょうゆ・塩辛汁・塩・こしょう 少々

肉汁(鶏肉) 水 2.6L、しょうが 20g、にんにく 30g、たまねぎ 100g

牛肉・干ししいたけのヤンニョム しょうゆ 大さじ1、ねぎのみじん切り 大さじ1、にんにくのみじん切り 大さじ1/2、砂糖 大さじ1/2、ごま油 大さじ1/2、こしょう 少々

鶏肉のヤンニョム 塩 小さじ1、ねぎのみじん切り 大さじ1、にんにくのみじん切り 大さじ1/2、ごま油 大さじ1/2、しょうが汁 小さじ1、白こしょう 少々

作り方

1 鶏肉は内臓と脂肪を取り除く。鶏肉としょうが、にんにく、たまねぎを一緒に入れて煮る。（茹で汁は捨てない）鶏肉を取り出し、皮をむき肉は細くちぎる。骨は茹で汁に入れ、さらに煮てふるいにかけて汁だけとっておく。

2 キキョウは細めにちぎり、塩でもんで苦味をとる。せりは3cmくらいの長さに切り、熱湯で茹でる。たけのこはせん切りにし、茹でてから炒める。赤唐辛子はせん切りにする。

3 鶏肉、キキョウ、せりをボールにいれ、「鶏肉のヤンニョム」で和える。

4 牛肉はみじん切り、干ししいたけは水にもどして軸をとり、0.3cmくらいの厚さにせん切りをし、「牛肉・干ししいたけのヤンニョム」で和える。

5 2,3,4に小麦粉と卵、万能ねぎを入れて練りこねる。

6 1の肉汁に薄口しょうゆ、塩辛汁、塩で味をつけてから煮る。5の具をスプーンですくって落し入れる。具が浮かび上がったら火を止め、ごま油とこしょうを加える。

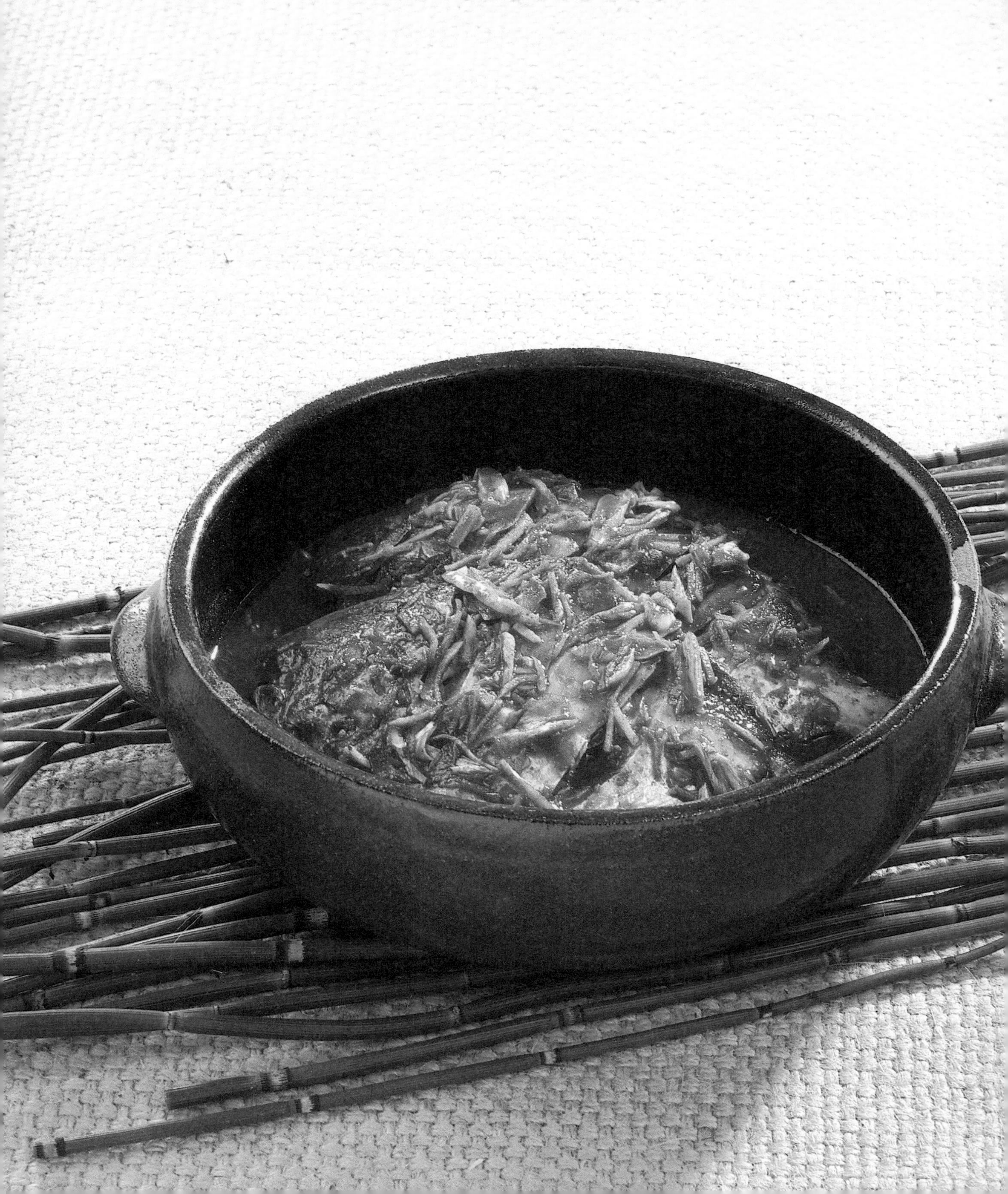

ビョンオ・カムジョン
（マナガツオのチゲ）*

材料

マナガツオ 480g

汁用材料 煮干しのだし汁　200mL、コチュジャン 大さじ3、テンジャン　大さじ 1/2、塩辛汁 大さじ1/2、薄口しょうゆ 大さじ1/2

ヤンニョム 長ねぎのせん切り　大さじ2、にんにくのせん切り　大さじ1、しょうがのせん切り　小さじ2、ごま油 小さじ2

作り方

1 マナガツオはヒレと内臓を取り除き、肉の方に切れ目入れる。

2 「ヤンニョム」の材料を混ぜておく。

3 煮干しのだし汁にコチュジャン、テンジャン、塩辛汁、薄口しょうゆを入れて煮る。一煮立ったらマナガツオを入れてさらに煮る。

4 2のヤンニョムを入れ、弱火に煮て汁が濃いめになったら火を止める。

豆知識

カムジョンと言う調理法は、チゲより汁が少ない煮物で、サンチュに包んで食べてもいい。マナガツオの代わりにチョウセンエツやイシモチを使う場合もある。

* 魚はチゲに入れてもいいし、煮物にしてもおいしい。

ジャン・キムチ
（しょうゆ漬けキムチ）*

材料

白菜 400g、大根　150g、セリ 100g、カラシナ 150g、万能ねぎ 50g、しいたけ 10g、イワタケ 3g、栗 100g、ナツメ 20g、柿 140g、梨 370g、にんにく　30g、しょうが 10g、松の実　大さじ1、濃口しょうゆ 1/2カップ

汁 しょうゆ 1/2カップ、水 1.2L、はちみつ　大さじ3

作り方

1 白菜は外側の汚れた葉を取り除いて、1枚ずづ洗い、縦3cm、横3.5cmに切る。

2 大根は洗い、白菜より小さめに切る。

3 1と2に濃口しょうゆを注ぎ、つけておく。

4 カラシナとセリは洗って茎だけを3.5cmくらいの長さに切る。しいたけは水にもどし、せん切りしておく。イワタケは0.2cmくらいの厚さに切る。

5 栗は0.3cmくらいの厚さに切り、ナツメは種をとり縦にし3枚に切る。

6 柿と梨は皮をむき、大根のと同じ大きさに切る。

7 万能ねぎは白いところだけ使い、3.5cmくらいの長さに切り、にんにくとしょうがは細かくせん切りをする。

8 松の実は乾いたガーゼで拭いておく。

9 3に切った材料を混ぜ合わせ、1日寝かせてから「汁」を注ぎ、冷ます。

豆知識

しょうゆ漬けキムチは、大根、白菜、果物などをしょうゆに漬けるキムチ。すぐ熟成するため、食べたいときに少量を作った方がいい。夏はあまりもたないので、秋や冬に漬けた方がよりおいしく食べられる。食卓に出す時は松の実をふると味も見た目もいい。

* 果物入りで辛くないため、辛いのが苦手な人にもってこいのキムチ。

ベチュ・キムチ
（白菜キムチ）

材料

白菜 7kg、大根 2.5kg、わけぎ 400g、粗塩 5カップ、水 5L
ヤンニョム 唐辛子粉 10カップ、にんにくのみじん切り 300g、しょうがのみじん切り 100g、アミの塩辛 250g、イシモチの塩辛 200g、カキ 200g、生えび 300g、砂糖・塩 適量

作り方

1 白菜は外側の汚れた葉を取り除き、株の根元の方から真ん中当たりまで包丁で切り込みを入れ、手で割る。割る時に大きいのは4等分、小さいのは2等分に割る。

2 下ごしらえしをした白菜は塩水に漬け、残った塩を上に振り、5時間ほどつけておく。漬けておく時は、たまに上と下をる交代させながら全体がしんなりなるまで漬ける。

3 しんなりとなった白菜はよく洗って大きなざるに上げ、水気をとる。

4 大根はよく洗ってせん切りにする。(5×0.2×0.2cm)、セリ、わけぎは洗って4cmくらいの長さに切る。

5 アミの塩辛は荒めのみじん切りにして汁はとって置く。

6 唐辛子粉をお湯に溶き、アミの塩辛とイシモチの塩辛、大根のせん切りを入れて和える。塩で味を整える。

7 6ににんにくのみじん切り、しょうがのみじん切り、アミの塩辛を入れて和えてからセリ、わけぎを加えて軽く合わせ、塩と砂糖で味を整え、最後にカキと生えびを加えて和える。

8 白菜の葉の間に「ヤンニョム」をはさむ。はさみ終わったら外側の葉1枚で全体を回すように巻きつける。

9 白菜は切り面が上に来るようにつぼに丁寧に詰める。白菜の葉で覆い、手でしっかりと押しておく。

豆知識

ソウル式キムチはアミの塩辛、イシモチの塩辛などをよく使うため、さっぱりして淡白な味が特徴である。

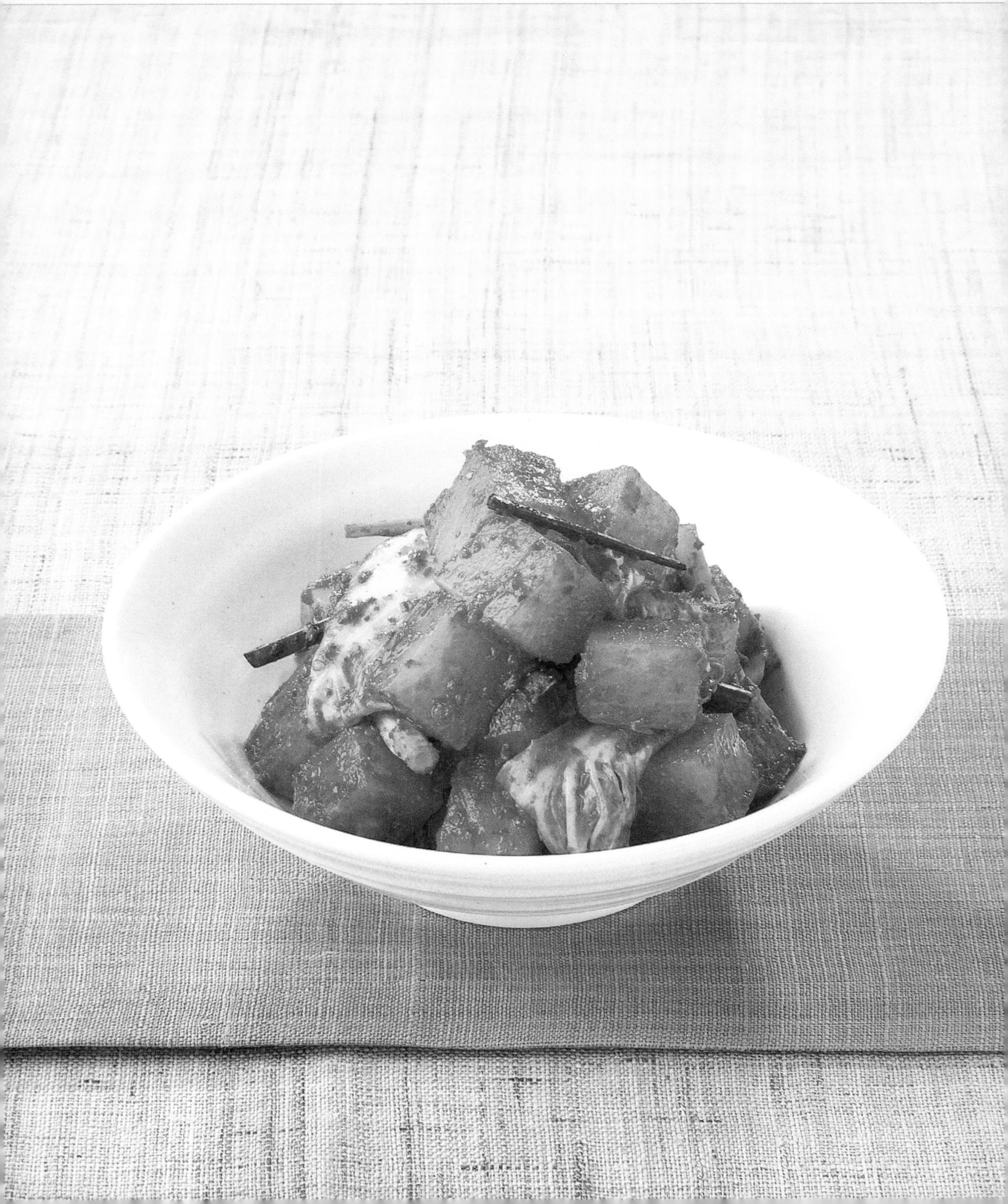

スク・カットゥギ
（茹でカクテキ）

材料

大根 2kg、白菜 400g、わけぎ　100g、セリ 100g、塩 1/3カップ、水 300mL

ヤンニョム アミの塩辛 大さじ2、しょうが汁　大さじ1/2、にんにくのみじん切り　大さじ2、にんにくのみじん切り大さじ2、ご飯のすりおろし　大さじ3、塩辛汁　大さじ3、水戻し唐辛子（すりおろし）　1/2カップ、荒唐辛子粉 1/3カップ、粗塩・細塩 大さじ1、梨汁 1/4カップ、たまねぎ汁 1/4カップ

作り方

1 大根はよく洗って縦・横の大きさが1.7cmになるように切り、沸騰する熱湯にさっと茹で、ざるにあげておく。

2 白菜は適当に切り、塩水に漬けてからよく洗い、ざるに上げておく。

3 セリは洗って3cmくらいの長さに切り、わけぎもセリと同じ大きさに切る。

4 アミの塩辛はみじん切りにする。たまねぎと梨はすりおろして汁だけ使う。

5 1の大根と2の白菜に唐辛子粉を入れて和える。

6 残りの材料とヤンニョムを合わせて5を加えて混ぜ合わせる。

7 奥行きのある容器に入れて、最上部を白菜の葉で覆い、空気が入るのをなるべく塞ぐようにする。

豆知識

茹でカクテキは代表的な茹でキムチである。大根をまるごと蒸してから切り、ヤンニョムで和える作り方もある。

ウネン・ジャンチョリム
（銀杏の醤油煮込み）

材料

銀杏 500g、サラダ油 1/2Ts
ヤンニョム しょうゆ 1と1/2カップ、水飴 1/3カップ、砂糖 1/3カップ、酒　大さじ3、水
100mL、ごま油 少々

作り方

1 銀杏は水に洗い、さっと炒めて薄皮をとり、ガーゼで油気をふき取る。

2 しょうゆ、水飴、砂糖、水、酒を混ぜる。混ぜたものを煮、一煮立ったら汁が半分くらいになるまで煮詰める。

3 弱火にして2を煮詰め、銀杏につやが出たら火を止める。

4 食卓に出す前にごま油を少し入れるといい。

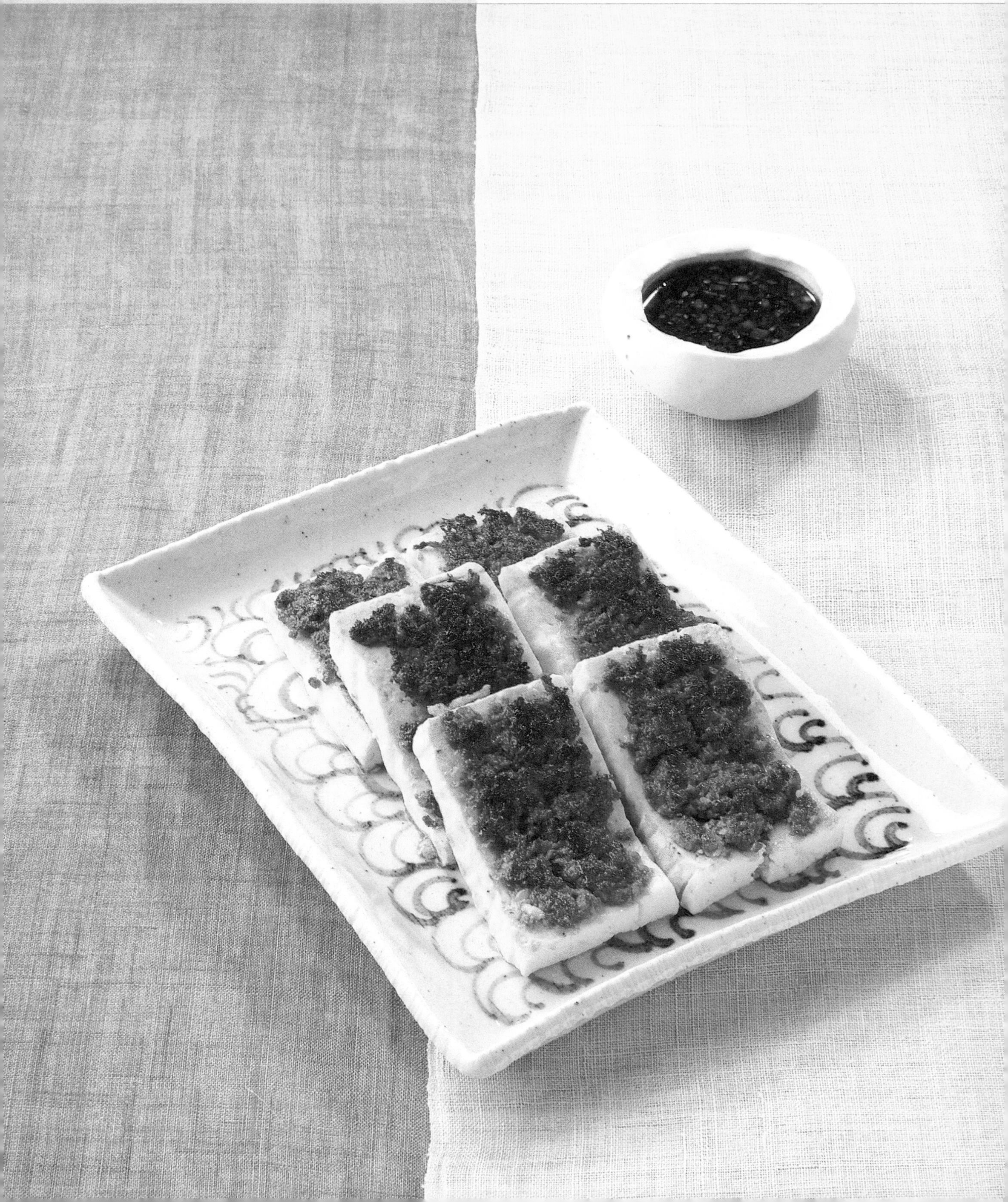

デウブ・ジョク
（豆腐チヂミ）*

材料

豆腐1kg、豚肉150g（ひき肉）、サラダ油 少々

豆腐のヤンニョム 塩　小さじ1、こしょう　少々、デンプン　大さじ2

豚肉のヤンニョム しょうゆ 大さじ1、砂糖 大さじ1/2、ねぎのみじん切り 大さじ1、にんにくのみじん切り 大さじ1/2、しょうが汁　小さじ1、こしょう 少々

酢醤油 しょうゆ 大さじ1、酢　大さじ1/2、梅エキス　大さじ1、水　大さじ1

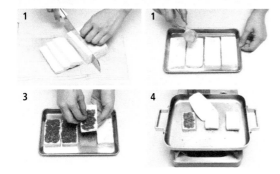

作り方

1 豆腐は押して水気をとり、7mmくらいの厚さに切る。切った豆腐に塩とこしょうで味つけをしてから満遍なくデンプンをつける。

2 豚のひき肉は「豚肉のヤンニョム」で和える。

3 豆腐の片側にヤンニョムした豚肉を薄くのばす。

4 フライパンにサラダ油をひき、肉のついた方から焼く。片側が焼けたら裏返してきつね色になるまで焼く。

5 酢醤油を添える。

豆知識

豆腐は紀元前2世紀頃、漢の准南王である劉安により発明され、唐の時代に朝鮮半島に伝えられたと言う説が一番有力である。昔は豆腐を泡と呼び、朝鮮時代には豆腐を専門的に製造するお寺があったが、このようなお寺を「造泡寺」と呼んでいた。

* 最近は欧米の国でも豆腐が人気である。西洋人にはきぬごしよりは木綿の方が好みであるようだ。

チェユク・チョニャ
（豚肉のチヂミ）

材料

豚肉（脂肪のない部分）　600g、小麦粉　110g、サラダ油・水　適量、塩　小さじ1/3

作り方

1 脂肪の少ない豚肉を蒸し、押しながら薄切りにする。

2 小麦粉に水と塩を入れ、柔らかめにして混ぜ合わせる。

3 2をお玉で1杯とり、油をひいて熱したフライパンに薄くのばす。その上に肉をのせ、肉の上に再び2をのばす。片面が焼けたら裏返して焼く。

4 きつね色になったら取り出し、食べやすく切る。

豆知識

生の豚肉を薄切りにし、塩とこしょうを振ってから小麦粉と卵の溶き合わせにつけ、焼く方法もある。

トック・チム
（餅の蒸し煮）

材料

カレトック (トック用お餅)500g、牛ひざ肉 200g、牛もつ 200g、牛肉のせん切り 100g、大根 100g、にんじん 100g、干ししいたけ 15g、セリ 50g、卵50g、銀杏 20g、肉汁(牛胸肉だし) 200mL

牛ひざ肉・牛もつのヤンニョム しょうゆ 大さじ1、ねぎのみじん切り 大さじ1、砂糖 大さじ1/2、にんにくのみじん切り 大さじ1/2、こしょう 少々、ごま油 大さじ1

牛肉せん切りのヤンニョム しょうゆ 大さじ1、ねぎのみじん切り 大さじ1、にんにくのみじん切り 大さじ1/2、砂糖 大さじ1/2、こしょう 少々、ごま油 大さじ1

仕上げのヤンニョム しょうゆ、ごま塩、砂糖、ごま油 各 適量

作り方

1 牛ひざ肉と牛もつは十分茹でて大きめに切り、「牛ひざ肉・牛もつのヤンニョム」で和える。

2 しいたけは水に戻し、せん切りしてから牛肉のせん切りと一緒に「牛肉せん切りのヤンニョム」で和える。

3 カレトックは5cmくらいの長さに切り、さらに4等分に切り、熱湯にさっと茹でておく。

4 大根とにんじんは軽く茹で、カレトックと同じ長さに切る。セリは4cmくらいの長さに切る。銀杏は薄皮をむく。

5 卵は白身と黄身に分けて薄く焼く。焼いた卵はひし形に切る。(幅2cm).

6 2を炒め、1と大根とにんじんを加えて、肉汁を注ぎ、弱火で煮込む。

7 汁が半分くらいになったら、カレトックと銀杏を入れる。「仕上げのヤンニョム」を加えて味を調える。

8 火を止める前に、セリを入れる。食卓に出す時はひし形の錦卵をトッピングする。

スサムカンフェ
（水参巻き）*

*カンフェ：湯がいたセリで肉・野菜・椎茸などを束にし、巻きつけて食べる料理

材料

水参 5本、ナツメ 10g、セリ 5本、砂糖 大さじ1、酢　大さじ1、塩　小さじ1/2、はちみつ 大さじ2、松の実 少々

作り方

1 水参は適当な大きさの物を選び、よく洗っておく。

2 水参2本は4cmくらいの長さに切り、皮をむくような形に幅広く切る。塩、砂糖、酢を混ぜ、むいた水参をつけておく。

3 ナツメは種をとり、せん切りをする。

4 2の水参にナツメのせん切りを入れて、丸く巻きつけナツメで飾る。

5 残った水参を縦3.5cm、横1cmに切り、ナツメのせん切りをおき、湯通しのセリで束ねる。

6 はちみつ、または酢コチュジャンを添える。

---

* 水参のような朝鮮人参類は健康食としても広く知られている。苦味はあるが、人気は高い。

クルムトック
（雲もち）

材料

もち米粉 1kg、小豆粉　1カップ、砂糖水 100mL、ナツメ 100g、栗　200g、くるみ 40g、インゲン豆 1/2カップ、松の実 35g、水・砂糖 適量

作り方

1 もち米粉は水を入れてこねる。

2 小豆はじっくり煮てからざるなどを使い水気を切る。水気を切ったらフライパンで煎り、完全に水気を切る。

3 栗は茹でて皮をむく。ナツメは種をとり、2〜3等分に切る。インゲン豆は水にふやかしてから煮る。

4 松の実はガーゼで拭く。くるみは薄皮をむいて2等分にしておく。

5 3と4を合わせ、砂糖水を注いで煮る。（水分がなくなるまで煮る）

6 1と5の材料を合わせ、蒸す。

7 6の蒸した餅に小豆粉をつけ、長方形の容器にしっかりと詰める。小豆粉をまぶし、2-3時間重いものを上にのせて形を作る。

8 形が取れたら食べやすく切る。

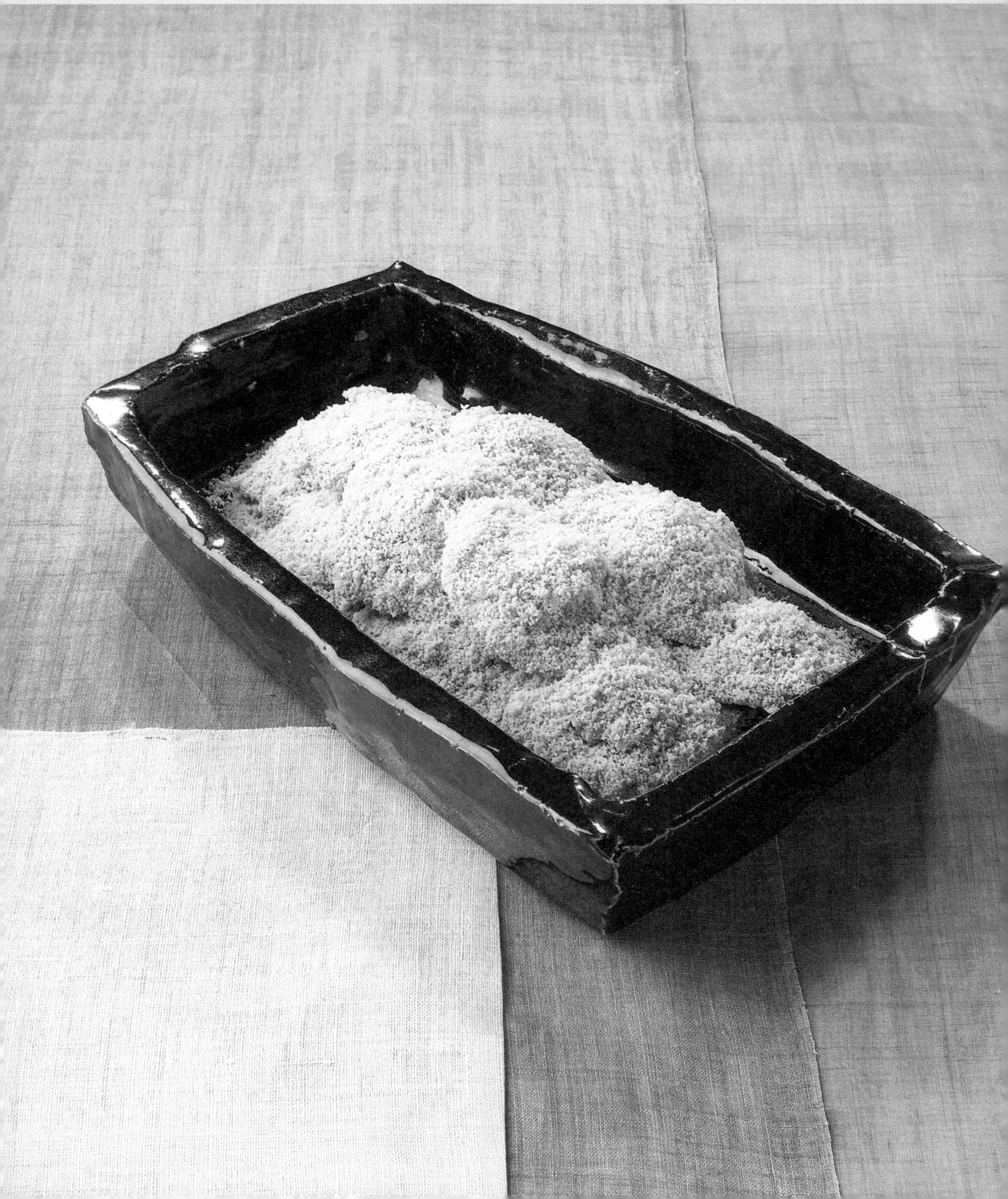

デウトップ・トック
（厚もち）

材料

デウトップ・トクの粉 もち米粉 500g、しょうゆ 大さじ　1と1/2、砂糖 大さじ3、はちみつ 大さじ3
小豆のまぶしあん 皮むき小豆　4カップ、濃口 大さじ2、砂糖 大さじ4、はちみつ 大さじ5、桂皮粉
　小さじ 1/2、こしょう　少々
もちのあん 栗 100g、ナツメ 50g、くるみ 40g、松の実 25g、ユズのはちみつ漬け（具）大さじ
1/2、ユズのはちみつ漬けエキス　大さじ1

作り方

1 もち米は洗い、6時間ほど水につけてから水気を切り、粉にしておく。
2 1にしょうゆを入れ、中目のふるいにかけ、砂糖とはちみつを混ぜる。
3 小豆を水につけて十分ふやかしてから皮をむき、水気を切って蒸す。
4 蒸した小豆をついてから中目のふるいにかける。残りはミキサーにかけてから入れる。
5 4にしょうゆ、砂糖、はちみつ、桂皮粉、こしょうを入れてよく混ぜてフライパンに煎る。再びふるいにかける。
6 松の実は拭いておき、栗とナツメは小さめに切る。　くるみは薄皮をむき、細かめに切る。ユズの具はみじん切りにする。
7 6の材料にユズのはちみつ漬けエキスを混ぜ、1cmくらいの大きさの団子を作り、真ん中を押す。
8 蒸容器に5をひき、2を一スプーンで入れ、その上に7をおく。さらにもち米粉をまぶし、5をその上にのせる。
9 8の繰り返しを3回して蒸す。
10 15分ほど蒸して、火を弱めて5分ほど蒸らしてから熱を取る。

豆知識

このもちは、王様の誕生日を記念して作ったおもちで、昔の古書にその調理法が記録されている。もち米をしょうゆで味つけた宮中の代表的な餅で、漢字では「厚餅」と書く。普通の餅とは違い、蒸す時に3重にのせて蒸すためそのような名がついた。

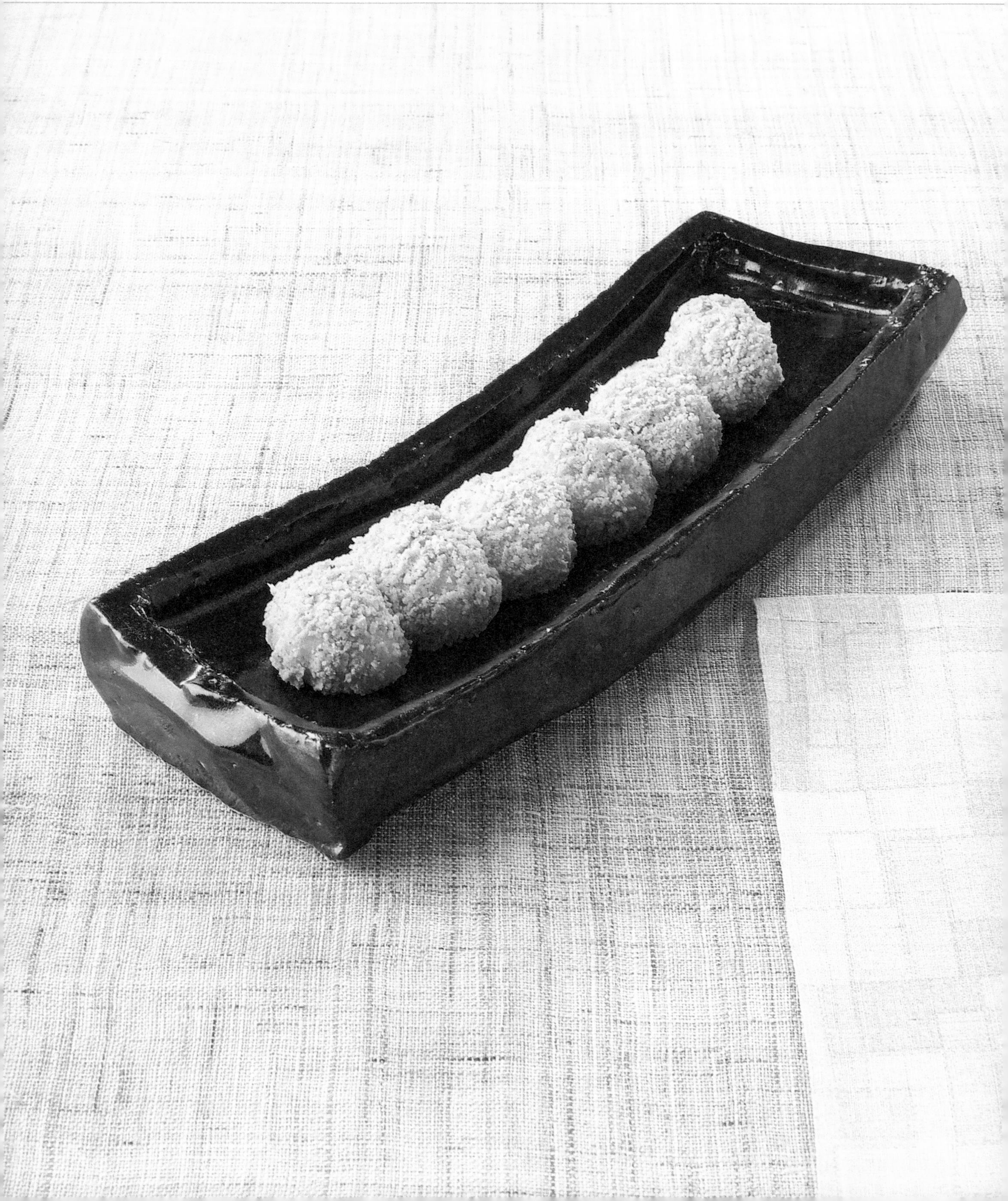

パム・ダンジャ
（栗だんご）

材料

もち米 330g、栗 160g、桂皮粉 1/2カップ、ユズ　大さじ1、はちみつ 大さじ1、水　適量、塩 少々

作り方

1 もち米を水に2時間くらいふやかし、水気をとり、粉にする。

2 蒸し器で1を蒸してからボールに入れ、気泡ができるまで混ぜる。

3 栗は茹でてふるいにかける。

4 ユズはみじん切りにし、3の1/3カップ、桂皮粉、塩を混ぜ合わせて直径0.8cmくらいのあんを作る。

5 2のもちを直径2〜3cmの円形にのばし4のあんをつつむ。はちみつをつけ、残った3を満遍なくつけて器に盛りつける。

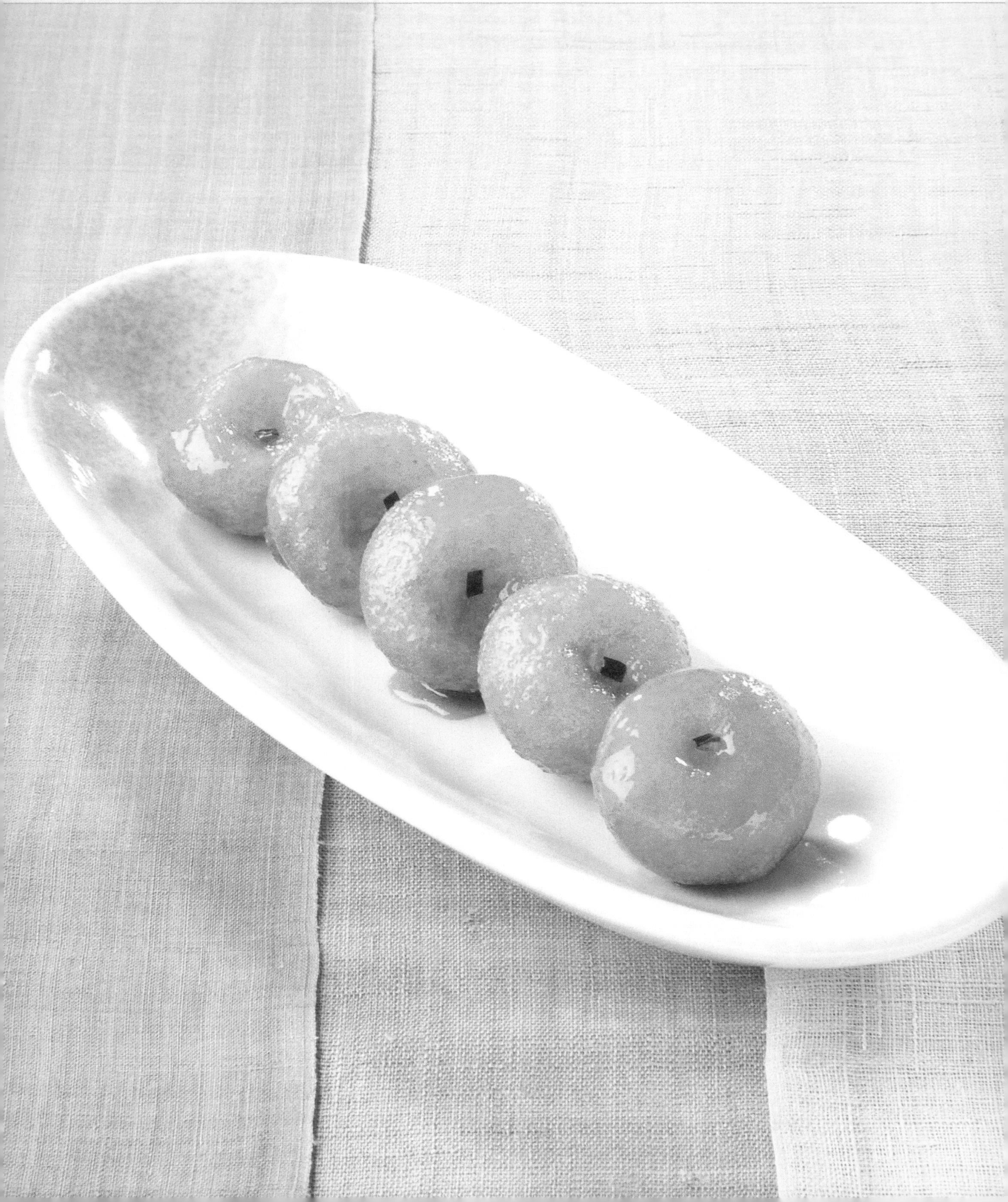

ウメギ・トック
（餅の揚げ物）*

材料

もち米粉　500g、うる米粉 150g、ドブロク（マッコリ）　1/2カップ、砂糖 1/3カップ、水 大さじ2、塩　大さじ1/2、サラダ油 2カップ、ナツメ・大根のはちみつ漬け　少々

水飴汁 水飴 1カップ、水 100mL、しょうが 10g（2 1/2片）

作り方

1 もち米粉とうる米粉を混ぜ合わせ、中目のふるいにかけ、砂糖を混ぜる。

2 1にどぶろくを混ぜ合わせてからお湯を注ぎ、粘りが出るまでしばらくこねる。

3 2で直径3cm、厚さ1cmくらいの団子をつくり、真ん中と所々を押す。(穴を開けてもいい)

4 180℃に熱したサラダ油に3を揚げながら、形を調える。

5 形が整ったら150℃の弱火にして、中までしっかりと揚げる。

6 水飴汁の材料を合わせて煮る。

7 5を6の水飴汁につけてから取り出す。

8 最後に細かめに切ったナツメまたは大根のはちみつ漬けで飾る。

豆知識

ウメギは、油に揚げた餅に水飴汁やはちみつをつけて作る食べ物で、比較的簡単で硬くならないのが特徴である。記念日や祝いの日にはよく作って食べた餅。

形を調えるためには、しっかりとこねて団子にしたら真ん中を指で押すときれいな形になる。真ん中にナツメをつけると飾りになる。おいしくて2-3日は硬くならないため、子供のおやつやデザートとしてもおすすめ。

* 揚げたお菓子で、デザートとしてもいい。

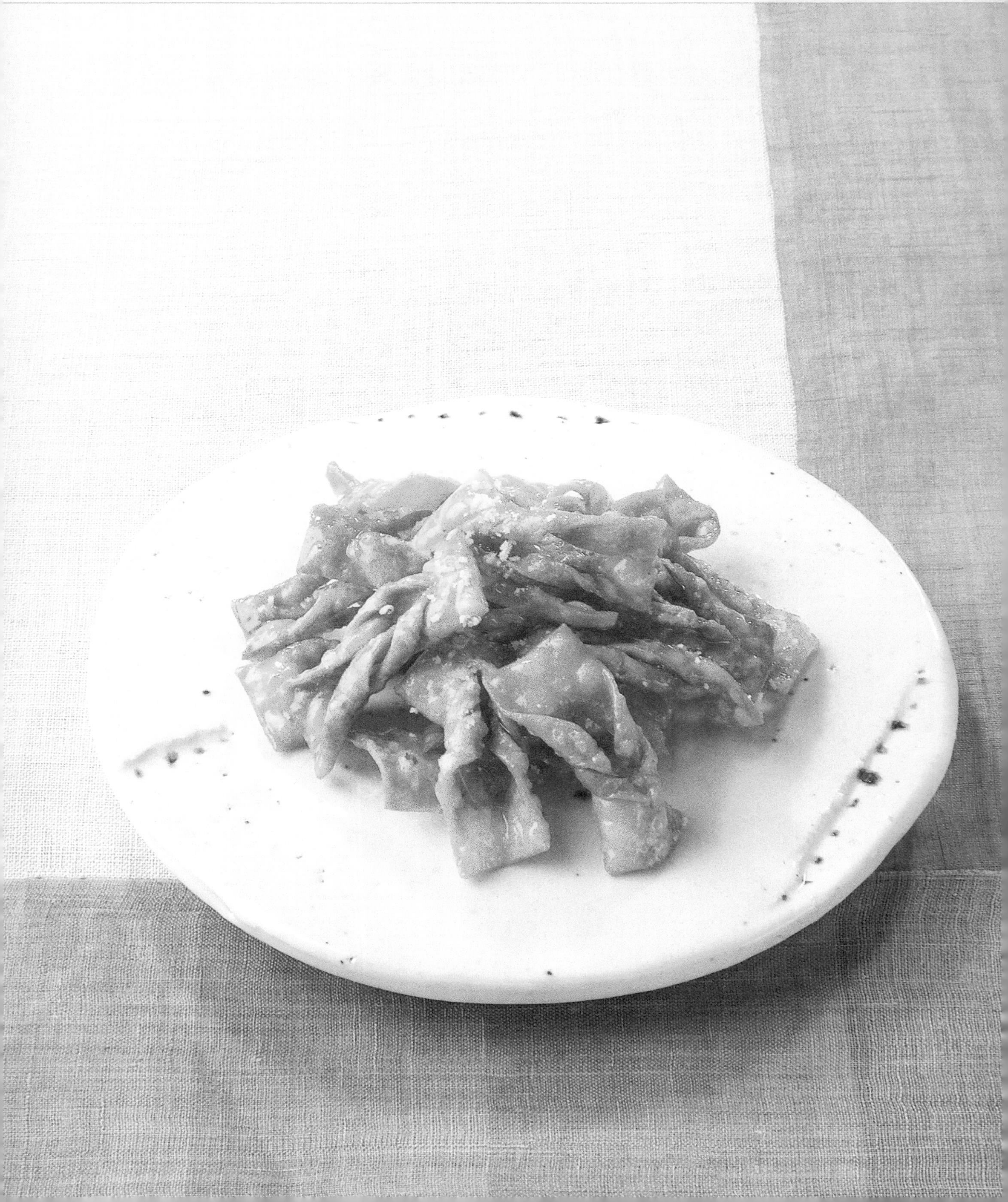

メジャッカ
（梅雀菓）

材料

小麦粉110g、塩　小さじ1/2、しょうが汁　大さじ1、水　大さじ3〜4、片栗粉　少々、サラダ油 3カップ、松のみ粉　大さじ1
シロップ　砂糖 150g、水 200mL、はちみつ 大さじ2、桂皮粉　小さじ1/2

作り方

1 小麦粉に塩を入れてふるいにかける。しょうが汁に水を入れ、ふるいにかけた小麦粉を合わせてこねる。

2 まな板に片栗粉を振り、1を薄くのばしてから長さ5cm、幅2cmほどに切る。真ん中を中心に3ヵ所切り目を入れる。

3 真ん中の切り目の間に片端を入れ込み、裏返して形を調える。

4 シロップを作る。同一量の砂糖と水を鍋に入れ（この時、回さない）一煮立たせる。砂糖が溶けたらはちみつを加えて弱火で10分ほど煮て、桂皮粉を入れると出来上がり。

5 160℃の油で3をかりっとなるまで揚げ、油をとる。

6 5をさましたシロップにつけてから穴あけのお玉などでとる。

7 器にもりつけ、松の実の粉を満遍なくまぶす。

豆知識

梅雀菓は小麦粉に塩としょうが汁をこね合わせて薄伸ばし、切り目を入れ、揚げた油蜜菓である。梅雑菓、梅葉菓、タレカとも呼ばれ、まるで梅の木にすずめが座っているような形に似たことから、うめの「梅」字とすずめの「雀」字を取り入れ、名づけられた。

モガチェンガ・ファチェ
（カリンの実青果花菜）

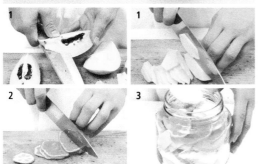

材料

カリンの実 3kg、ミカン　180g、砂糖 2カップ、松の実 大さじ2

作り方

1 カリンの実は皮をむき1cmくらいの薄切りにする。

2 ミカンは皮ごと0.5cmくらいの厚さに輪切りをする。

3 切ったカリンの実とミカンを口の広いビンに入れ、一層ごとに砂糖を足し入れ、材料が詰まったらビンを密封しておく。

4 20日後には食べごろになる。具と汁を適当に器にもりつけ、水を注ぐ。（甘みが逃げないように水の量を調節する）上に松の実を振る。

[江原道]

江原道は太白山脈を基点として東と西地方に分かれるが、東の海岸地方は海産物が豊富で種類も多様なことから塩辛や塩漬けなどが発達した。そして海藻類を使った包み物や素上げ、魚料理も有名だ。

西地方は山が多い地域的特徴からじゃがいも、とうもろこし、そば、麦、小麦などの畑作物の生産が目立つ。この地方の食は、米の代わりにじゃがいも、とうもろこし、あわ、さつま芋などを混ぜてご飯を作るのも特徴の一つである。

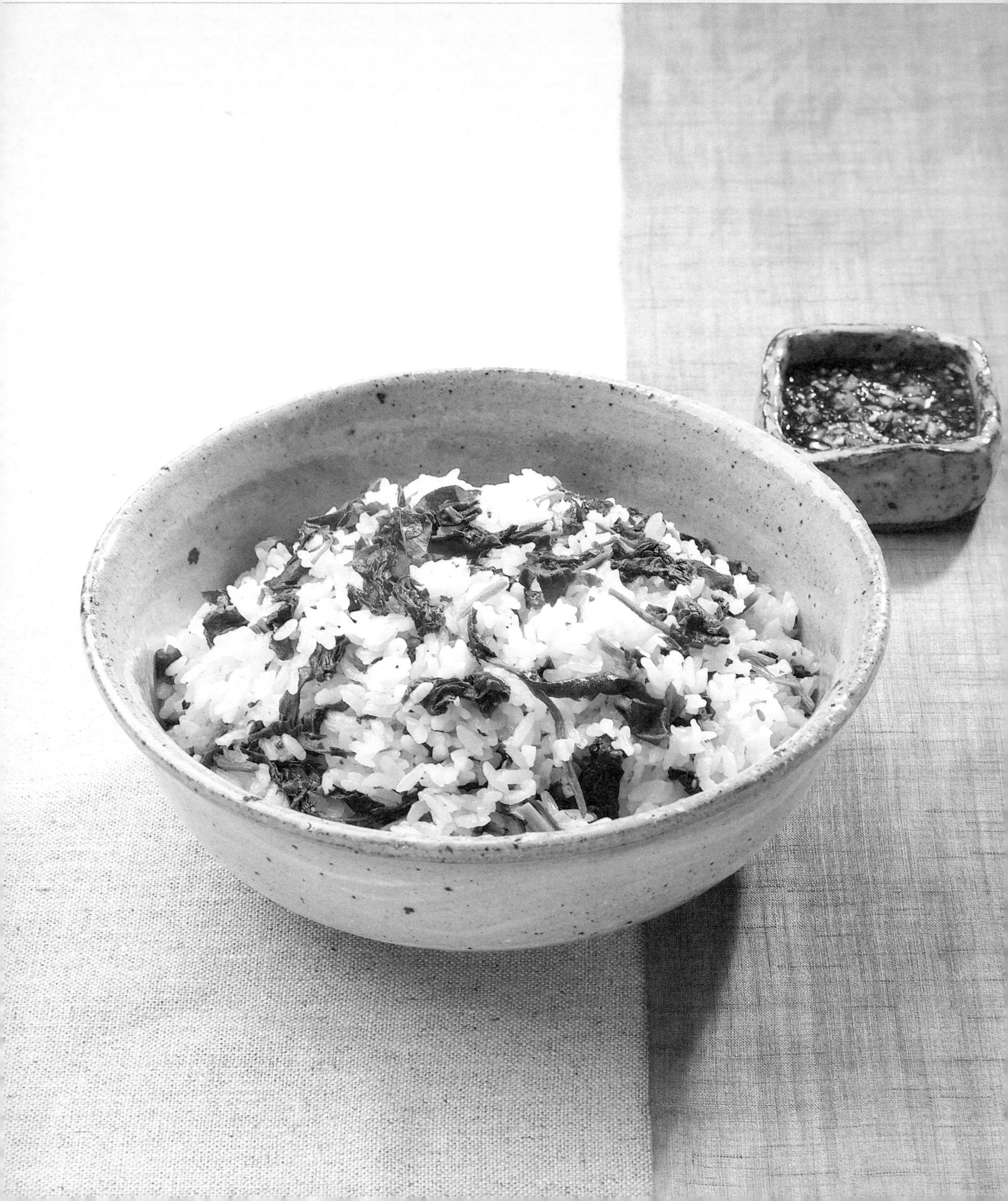

コンダルビ・パプ
（アザミ入りビビンバ）

材料

米 360g、コンデゥレ　300g、水　470ml、えごまの油　大さじ2、塩　少々

作り方

1 米を洗って水に30分ほどつけておく。

2 コンデゥレは沸騰する熱湯でさっと茹でる。

3 冷たい水にさらしてから水気を切り3-5cmくらいの長さに切る。

4 コンデゥレにえごまの油と塩を入れて和える。

5 1の米でご飯を作る。

6 和えたコンデゥレをご飯の上にのせて蒸らす。

豆知識

コンデゥレは太白山の海抜700mの高地で自生する栄養が豊富で香りがよく、淡白な味を持っている山菜。救荒食品でもあるコンデゥレは「旌善アリラン」の歌詞にも出てくる旌善、平昌地域のの無公害特産物で、毎年5月に採集できる。

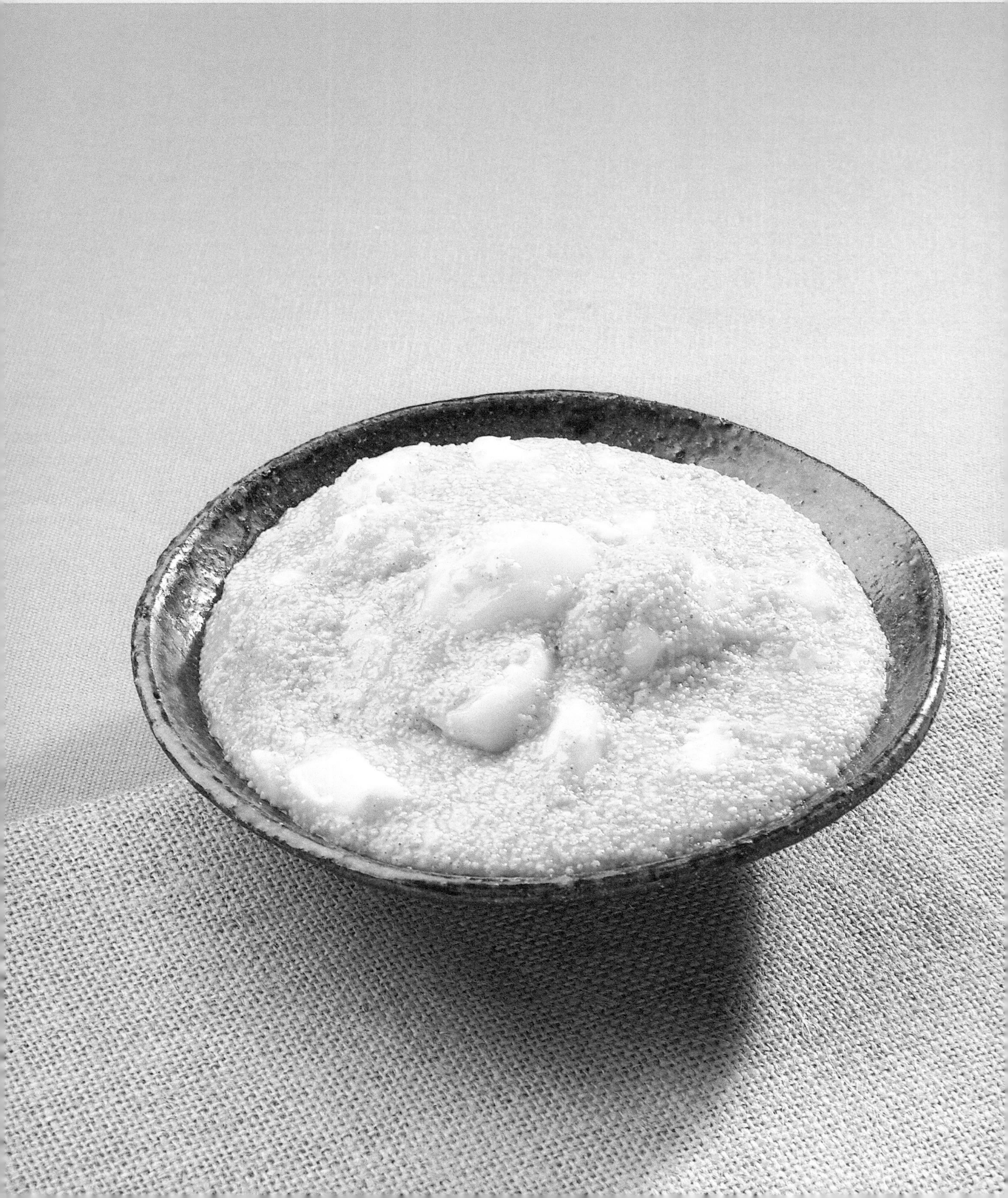

ジョカムじゃ・パプ
（あわとジャガイモのご飯）*

材料

あわ 290g、ジャガイモ 450g、水 470ml

作り方

1 あわを洗って30分ほど水につけておく。

2 ジャガイモは洗って皮を向いておく。

3 1と2を合わせて一緒に炊く。

4 ジャガイモに火が通ったら弱火にして蒸らす。

5 出来上がりのご飯の中のジャガイモをつぶしてあわと混ぜる。

豆知識

あわは五つの穀物の中の一つで米が貴重だった時代の大事な食料であった。ジャガイモもまた貧しかった時の代表的食料でもあった。今は健康食として注目されている。

* ジャガイモと雑穀を一緒に使うと歯ごたえがよくなる。

チャルオクススヌングン・パプ
（とうもろこしご飯）

材料

つきとうもろこし 290g、小豆 210g、水　適量、砂糖 1カップ、塩 少々

作り方

1 とうもろこしは洗って一晩水につけておく。

2 鍋に1のとうもろこしと小豆を入れて水を入れ、2時間ほど煮る。

3 とうもろこしに火が通ったら砂糖と塩で味をつけ、焦げないようにヘラで混ぜながらとろとろとなるまで弱火で煮る。

豆知識

「ヌングン」と言うのは、皮を剥くために水を入れてつくことを意味する。

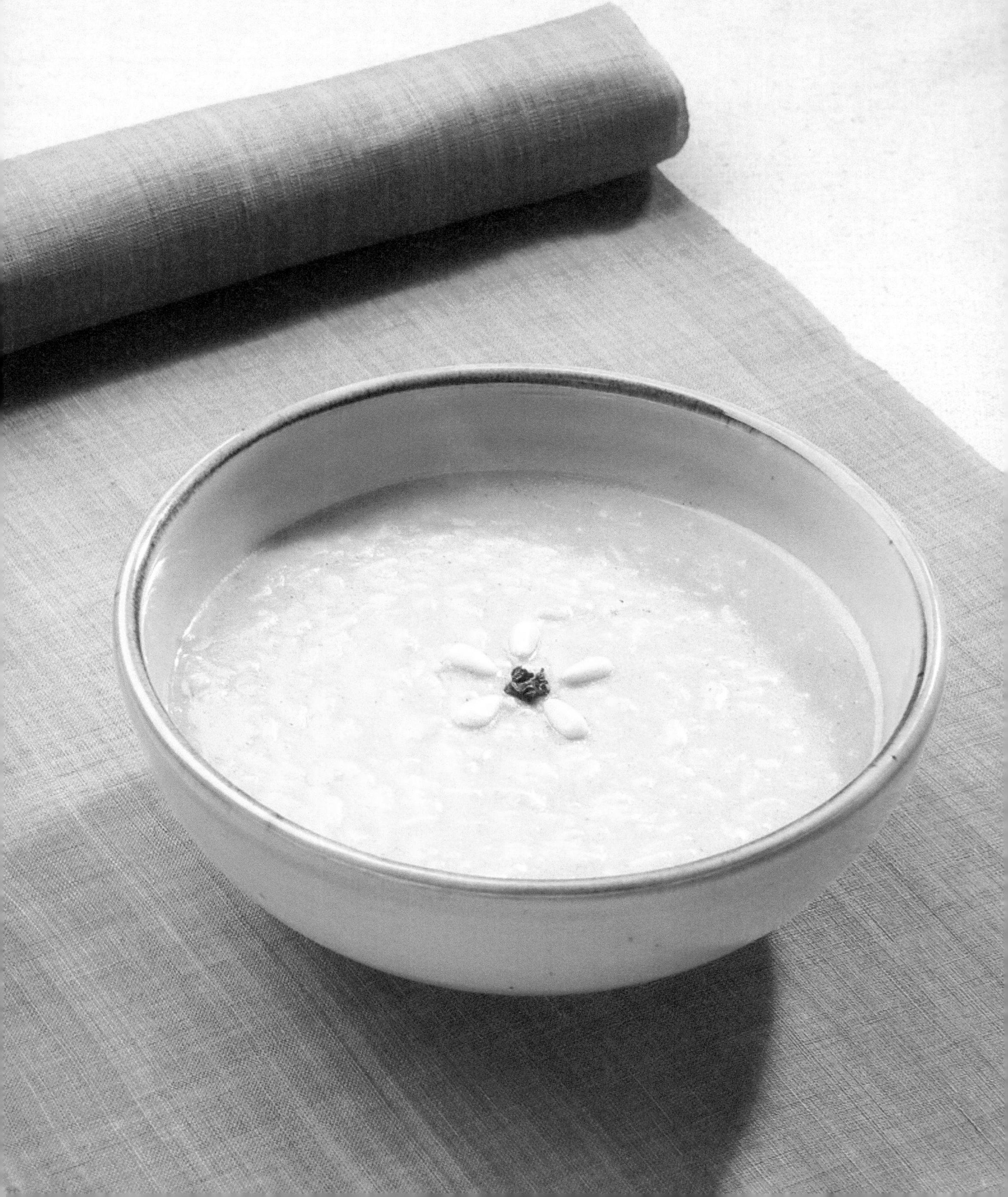

ホバクテゥルケ・ジュク
（カボチャのエゴマ入り粥）

材料

熟成カボチャ 400g、米 360g、エゴマ 大さじ5、松の実　少々、水 2L、塩　大さじ2、砂糖　大さじ1

作り方

1 熟成カボチャは皮と種を取り除いて食べやすく切り、水2カップを入れて柔らかくなるまで煮る。

2 茹でたカボチャをつぶし、ふるいにかける。

3 エゴマを煎り、ミキサーにかけ粉にする。粉状にしたエゴマを水に溶かせてふるいにかける。

4 2のカボチャに3を適当に入れて煮る。沸騰する時に米を加え、米が柔らかくなるまで煮る。塩で味を整えてさらに煮込む。

ヒント

熟成カボチャの代わり甘カボチャ（日本で普通に「カボチャ」と言われるもの）を使ってもいい。

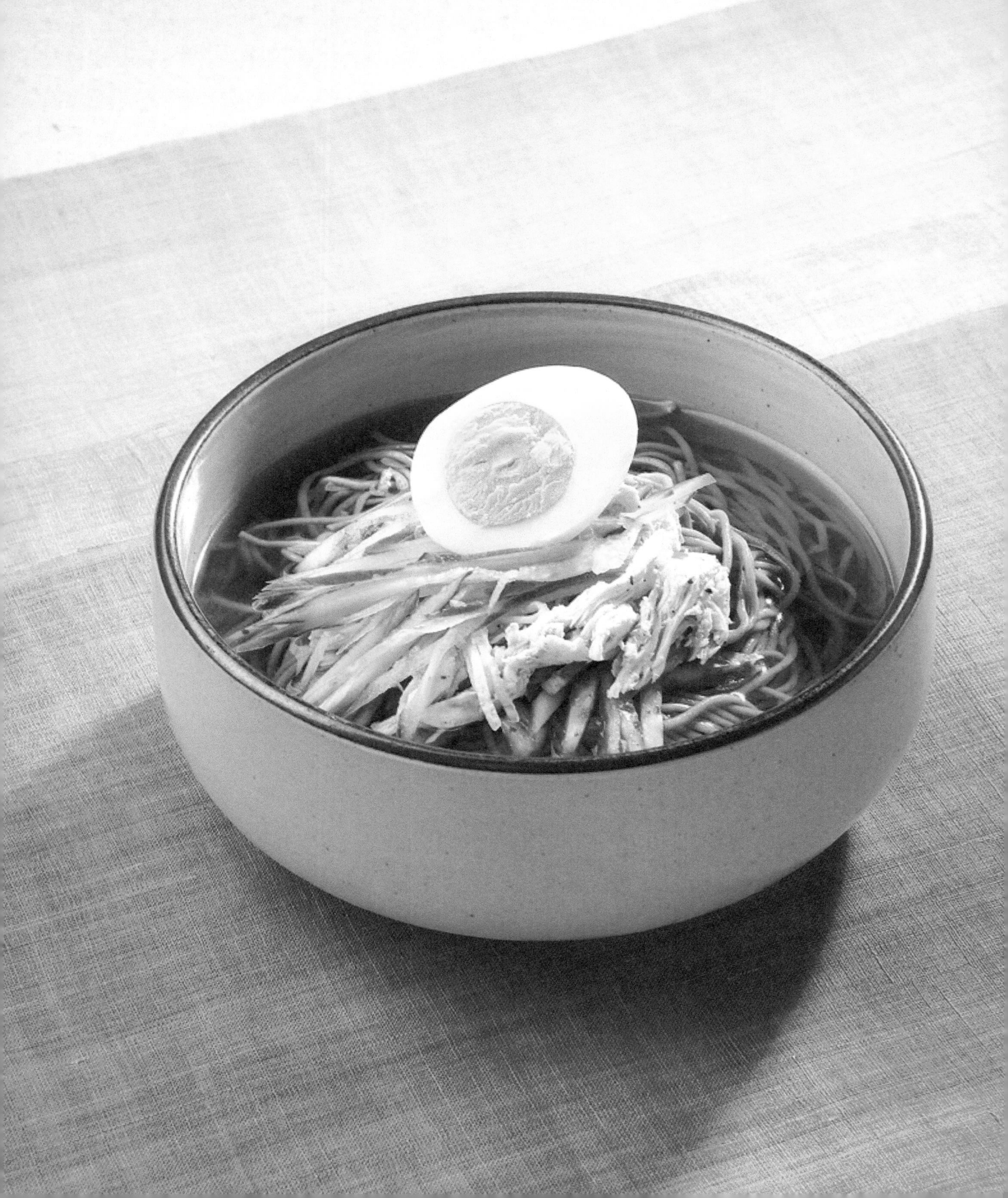

マックッス
(キムチスーム入り辛味そば)

材料

そば粉 2と1/2カップ、小麦粉 160g、トンチミの汁 400ml、白菜キムチ 1/2玉、トンチミの大根 1/2個、きゅうり 150g、茹で玉子 50g、水 200ml、にんにくのすりおろし　小さじ1、ごま油 小さじ1、ごま塩 小さじ1、しょうゆ 適量、塩 少々

鶏肉汁の材料 鶏肉 200g、大根 100g、昆布 10g、たまねぎ 80g、しょうが 10g、長ねぎ 10g、にんにく 2片、水 1L

作り方

1 「鶏肉汁の材料」を合わせて煮込む。煮込んでから冷まし、油を取り除き、トンチミの汁と塩を入れて味をつける。鶏肉は適当な幅で裂きにんにくのすりおろし、ごま油、ごま塩を入れて和えておく。

2 そば粉と小麦粉を混ぜてお湯を加えながら練り混ぜる。製麺機で麺を取り出しておく。

3 きゅうりはせん切りにして塩につけてから水気を切る。トンチミ大根は半月切り、白菜キムチは 1cmくらいの長さに切る。

4 沸騰する熱湯に麺を茹でてから冷水にさらし、水気を切る。

5 お皿に麺を盛り付けてきゅうり、白菜キムチ、トンチミ大根、茹で玉子をトッピングし冷たい鶏肉汁注ぐ。最後にしょうゆと塩で味を調節する。

チェマンデゥ
（山菜の蒸し餃子）

材料

そば粉(ジャガイモでんぷん)3カップ、カッキムチ（高菜キムチ）200g、山菜200g、練り水　150m
l、えごまの油
適量

作り方

1 そば粉(ジャガイモでんぷん)を沸騰させたお湯で練ておく。

2 カッキムチは0.5cmくらいの長さに切り、山菜は十分に茹でて適当に切っておく。

3 切ったカッキムチと山菜にヤンニョムを混ぜ合わせ、餃子の具作る。.

4 1で皮を作り、皮で具を包み、形を調える。

5 約20分ほど蒸してからえごまの油を塗る。

豆知識

カッキムチを水にさらして適当に切ってから水キムチを作り、
添えるとより美味しくいただける。

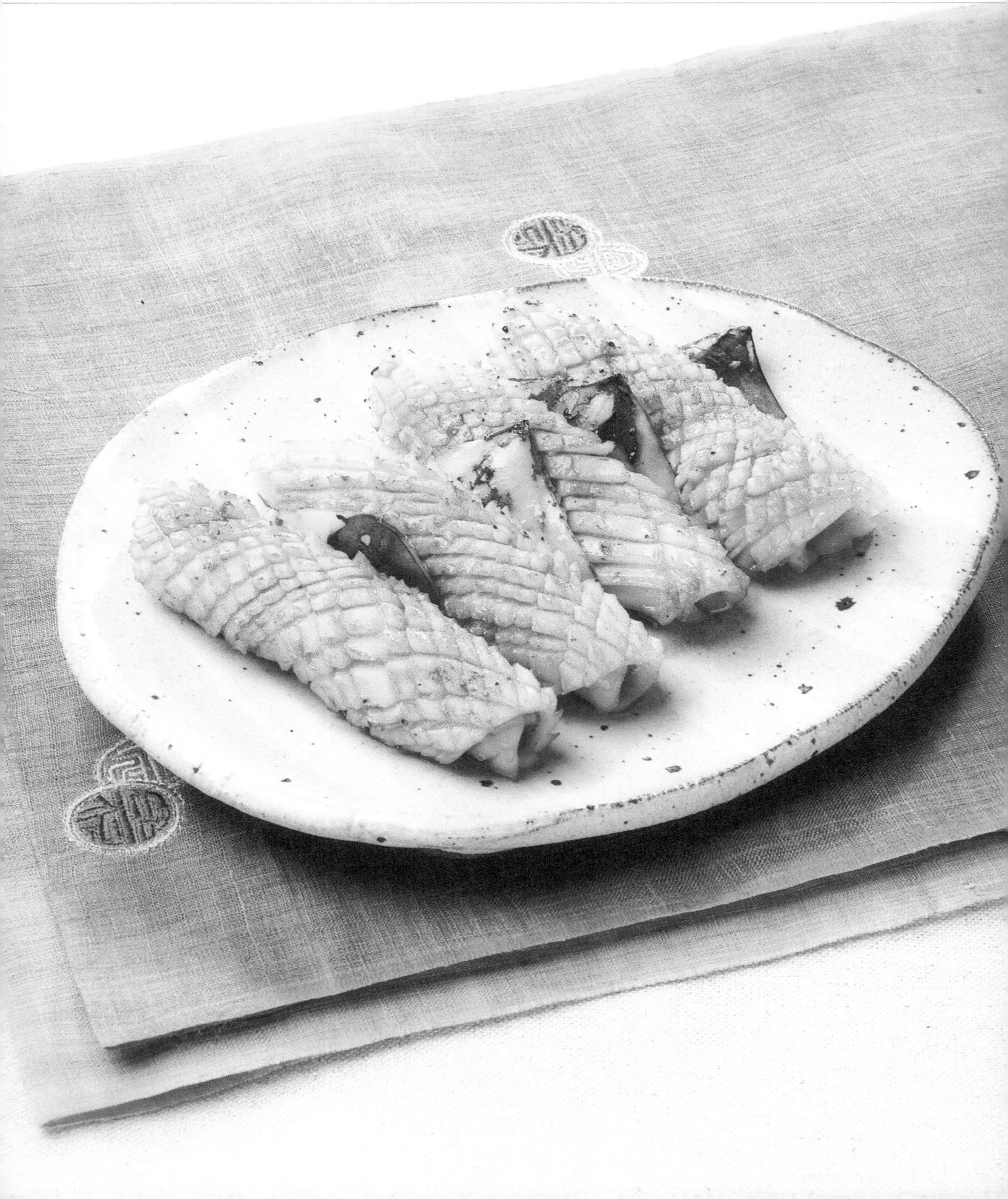

オジンオ・プルゴギ
（イカのプルゴギ）*

材料

生イカ 700g
ヤンニョムタレ しょうゆ 大さじ3、砂糖　小さじ1、ねぎのみじん切り　小さじ1、にんにくのすり
おろし　小さじ1

作り方

1 しょうゆ、砂糖、ねぎのみじん切り、にんにくのすりおろしを混ぜ合わせ、ヤンニョムタレを作る。
2 イカは内臓と足を取り、よく洗い皮をむく。洗ったイカは1cm間隔で斜めに切り目を入れ、ヤンニョムタレにつけておく。
3 2のイカにもう一度ヤンニョムタレを塗り、魚焼き網で焼く。
4 丸く焼けたまま2cm長さで切る。

豆知識

網に酢を塗ってからイカを焼くとくっ付かない。ヤンニョムタレにコチュジャンを入れてもいい。
半乾きのイカを使ってもおいしく出来上がる。

* イカのようなはりのある海産物はプルゴギヤンニョムで調理するとより美味しくいただける。

タッカルビ
（鶏肉と野菜の辛味鉄板焼き）*

材料

鶏肉 800g、キャベツ　100g、さつま芋 50g、たまねぎ 50g、長ねぎ 70g、青とうがらし 30g、白菜（葉のみ）2枚、えごまの葉 10g、サンチュー・カレトック（トックのお餅）・サラダ油 適量
ヤンニョムコチュジャン　コチュジャン 大さじ2、しょうゆ 大さじ1、唐辛子粉 大さじ1、にんにく 25g、しょうが　10g、砂糖　小さじ1、ごま油 小さじ1、清酒 大さじ1、梨 50g、塩・ごま 少々

作り方

1 鶏肉はよく洗ってカルビの部分を取る。
2 梨はすりおろし、にんにくとしょうがは細かく叩く。梨のすりおろしとにんにく、しょうがの叩きを「ヤンニョムコチュジャン」の材料と混ぜ合わせ、ヤンニョムコチュジャンを作る。
3 鶏肉のカルビ肉にヤンニョムコチュジャンを入れ、よく混ぜ合わせて7〜8時間ほどつけておく。
4 キャベツ、さつま芋、たまねぎ、長ねぎ、青とうがらし、白菜は太目のせん切りにする。(5×0.5×0.5cm).
5 フライパンを熱し、サラダ油をひいて野菜、カレトック、鶏肉のヤンニョムつけを炒める。鶏肉に火が通ったら食べやすい大きさに切る。
6 サンチュとえごまの葉は流水に洗って添える。

豆知識

春川タッカルビ（春川はタッカルビの本場として有名な地域）の由来は約1400年前の新羅時代からだと言う説もあるが、「タッかルビ」と言う言葉はもともと洪川（江原道の中部にある郡）で使われ始めた。洪川のタッカルビは鍋に肉汁を入れて調理する食べ物で洪川と太白では今もこの食べ物が残っている。春川では炭火の上に網をのせ鶏肉を調理する炭火タッカルビが普通だったのだが、1971年からタッカルビ用の鉄板が登場、今の春川タッカルビになった。

---

* 韓国ではカルビの調理法として炭火やファンで焼くのが人気である。

カムジャ・チヂミ
(ジャガイモのチヂミ)

材料

ジャガイモ 1kg、ニラ 50g、万能ねぎ 20g、赤唐辛子 60g、青唐辛子 60g、塩　少々、サラダ油
適量

作り方

1　ジャガイモは洗って皮をむいてすりおろし、上澄みの水は捨てる。

2　ニラと万能ねぎは2cmくらいの長さに切る。赤唐辛子と青唐辛子は細かくせん切り、水にさらして
　種をとる。

3　下に溜まったでんぷんとじゃがいもにニラと万能ねぎを入れて混ぜ、塩で味つけをする。

4　フライパンを熱し、サラダ油を少し多めに引く。3を玉じゃくしですくって落とす。その上に赤唐辛
　子と青唐辛子でかざり、両面を焼く。

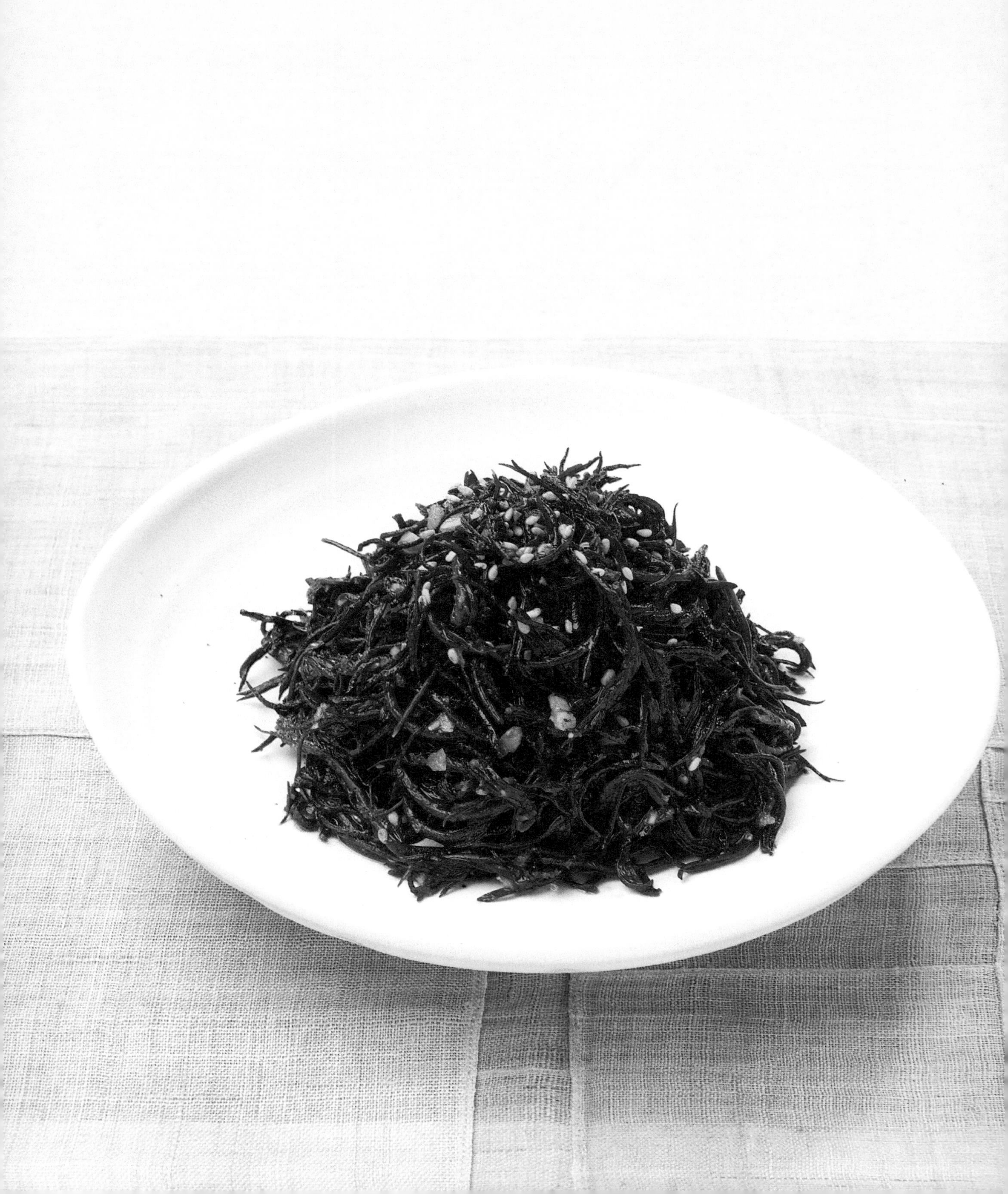

トッナムル・ムチム
（ひじき和え）

材料

ひじき 250g、ごま油　小さじ1、ごま塩　小さじ1、塩　少々
ヤンニョムジャン コチュジャン　大さじ1、しょうゆ　小さじ1、にんにくのみじん切り 小さじ1、ねぎのみじん切り小さじ1、酢　大さじ1、砂糖　大さじ1

作り方

1 ひじきは洗い、塩茹でして水にさらしておく。

2 「ヤンニョムジャン」の材料を混ぜ合わせる。

3 1にヤンニョムジャンを入れて和える。最後にごま油とごま塩を加えて香りを出す。

ヒント

ひじきは江原道地方でよく使われる食材である。

オジンオ・スンデ
（イカ詰め物）

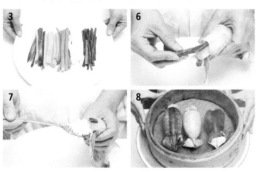

材料

イカ 1kg、もち米 100g、デンプン 150g、卵 250g、ごぼう 70g、きゅうり 70g、にんじん 70g、しょうゆ　大さじ2、塩・ごま油・だし汁（煮干、昆布、水）少々

作り方

1 イカは新鮮な物を選び、包丁を使わずに胴の中に指を入れ、わたと軟骨を引き抜く。胴を水でよく洗い、水気を切っておく。

2 卵は卵白と卵黄に分け、錦糸卵作る。

3 錦糸卵、きゅうり、にんじん、ごぼうは太めのせん切りにする。(6×0.5×0.5cm).

4 せん切りしたきゅうりは塩を振ってしばらくおいてから水気を切りさっと炒める。にんじんはさっと茹でて水気を切り、炒める。ごぼうはだし汁にしょうゆを少し入れて煮る。

5 もち米は洗って30分ほど水につけてからざるに上げて水気を切り、蒸し器で蒸して冷ます。ごま油と塩で味をつける。

6 イカの胴の中にデンプンを少々振り、錦糸卵、きゅうりの炒め、にんじんの炒め、ごぼうを入れる。

7 6に蒸したもち米を詰める。

8 7を串などで止め、強火で10分蒸す。

9 冷ましてから、食べやすく切り器に盛りつける。

メミル・チョンビョン
（そば煎餅）*

材料

そば粉　2カップ、水 600mℓ、塩 小さじ1、サラダ油 適量

チョンビョンの具 カッキムチ 300g、ねぎのみじん切り 小さじ1、にんにくのすりおろし　小さじ1、ごま油　大さじ2、ごま塩　大さじ2

作り方

1 そば粉を塩で味つけをし、水を入れてやわらかめにこねる。

2 カッキムチはヤンニョムを取り除き、絞って水気を切り、ざく切りしておく。(5cm).

3 2のカッキムチにねぎのみじん切り、にんにくのすりおろし、ごま油、ごま塩を入れてよく混ぜ合わせて具を作る。

4 フライパンにサラダ油をひき、1を玉じゃくしですくって落とし、円形に薄くのばす。

5 片面が焼けたら裏返し、先から1/3ほどに3の具を長めにおいて丸め、両面を焼く。

豆知識

そばは朝鮮時の世宗大王の時に出された「救荒僻穀方」と言う書籍に救荒作物として記録されるほど、昔から栽培されてきた作物である。そば煎餅は1680年の「要録」には「キョンチョンビョン」と言うような名前でで、1600年代末の「酒方文」には「兼節餅」と言う名で出ている。

1938年「朝鮮料理」から「チョントク」という名前が初めて使われるようになった。主な材料であるそばは、江原道の代表作物の中の一つで高山地帯の石畑で収穫されたものが品質がいいと言う。そばは江原道と慶尚北道が主産地で、具の材料としてあかざや唐辛子の葉を使ったが、最近は白菜キムチと豚肉を混ぜ合わせて使うことが多い。

* パンケーキやクレープに似ているなじみ深い食べ物。

カンヌンサンジャ
（カンジョン-おこしに似ている韓菓）

材料

もち米 720g、酒 2/3カップ、もち米の稲 1カップ、水飴　1と1/2カップ、サラダ油　適量

作り方

1 もち米は洗って水につけておく。もち米をつき、ふるいにかける。
　（夏場は7日、冬場は14〜15日ほど水につける）
2 1のもち米の粉を酒でこねてから蒸す。蒸したもちをうすに入れてつく。
3 2を薄くのばして包丁で切り、暖かいところで乾かす。乾かすときは風のないところがいい。
4 もち米の稲を油のひかないで鍋で煎ると皮がむけ、白い状態になる。白くなったものをメファと言う。
5 3が十分乾いたら油であげる。あげたもちに水飴を塗り、メファをまぶす。

豆知識

稲を煎ったものをメファと言い、それをまぶしたお菓子をメフ
ァ・サンジャと呼ぶ。

メミル・チャ
（そば茶）

材料

そば 1カップ、水 2L

作り方

1 そばは皮をむいておく。

2 1でご飯を作り、少々乾かてからフライパンで（油は使わない）煎る。

3 鍋に2を入れ、水を注いで沸かす。

ホバク・スジョングァ
（カボチャのスジョングァー韓国伝統の飲み物）

材料

完熟カボチャ 3kg、桂皮（丸ごと使う） 50g、しょうが 50g、干し柿・松の実・クルミ 少々、三温糖 200g、水 適量

作り方

1 しょうがは皮をむいて洗い、薄切りをして水を注ぎ、弱火で煮込む。
2 桂皮は洗い、水を入れて煮込む。
3 カボチャは皮をむき、種を取り除いてから適当な大きさに切り、鍋で煮る。
4 3のカボチャに1のしょうがの煮汁と2の桂皮の煮汁を合わせてしばらく煮る。
5 4をガーゼでこして三温糖を入れ、一煮立ちさせてから冷ます。
6 干し柿は濡れたガーゼで表面をきれいに拭き、へたと種をとり、縦に半分を切る。
7 クルミは熱湯でさっと茹で、薄皮をむく。
8 干し柿にクルミを入れ、巻きすで押し、0.5cmくらいの長さに切る。
9 冷ました汁に8を入れ、松の実を入れる。（松の実は食べる直前に入れた方がいい）

忠清北道

忠清北道は韓国半島の中でも真ん中に位置し、海と接しない唯一の内陸。
丘陵性山地と平野が多く、稲農業が発達した地域でもある。稲の他にも麦、豆などの穀物とさつま芋、唐辛子、白菜、きのこ類などの生産が多い。海から遠いため、淡水魚であるナマズ、ウナギ、フナ、コウライケツギョなどを使った料理が発達した。
この地方の食の特徴としてはあまりヤンニョムを入れないで自然のままの味を活かせた素朴で淡白なのがあげられる。キムチはにんにくと唐辛子を多めに入れ、また塩辛汁の変わりに塩を使っていたので「チャンジ（塩漬け）」とも呼ばれている。冬には白菜塩漬けを、夏場はミニ大根塩漬けを楽しむ。
この塩漬けは汁がほとんどでないように作るのがこつ。またカラシナをせん切りし、酢、塩、砂糖、ごま油を入れて混ぜ合わせ一晩つけてから食べる「カラシナ・チャンジ」も有名だ。そして牛血やホルモンなどを入れる白菜のテンジャンスープもある。豆の生産地としても有名で、豆粉を野菜につけて蒸したり、小麦粉の生地に入れたり、お粥にも使った調理法もある。

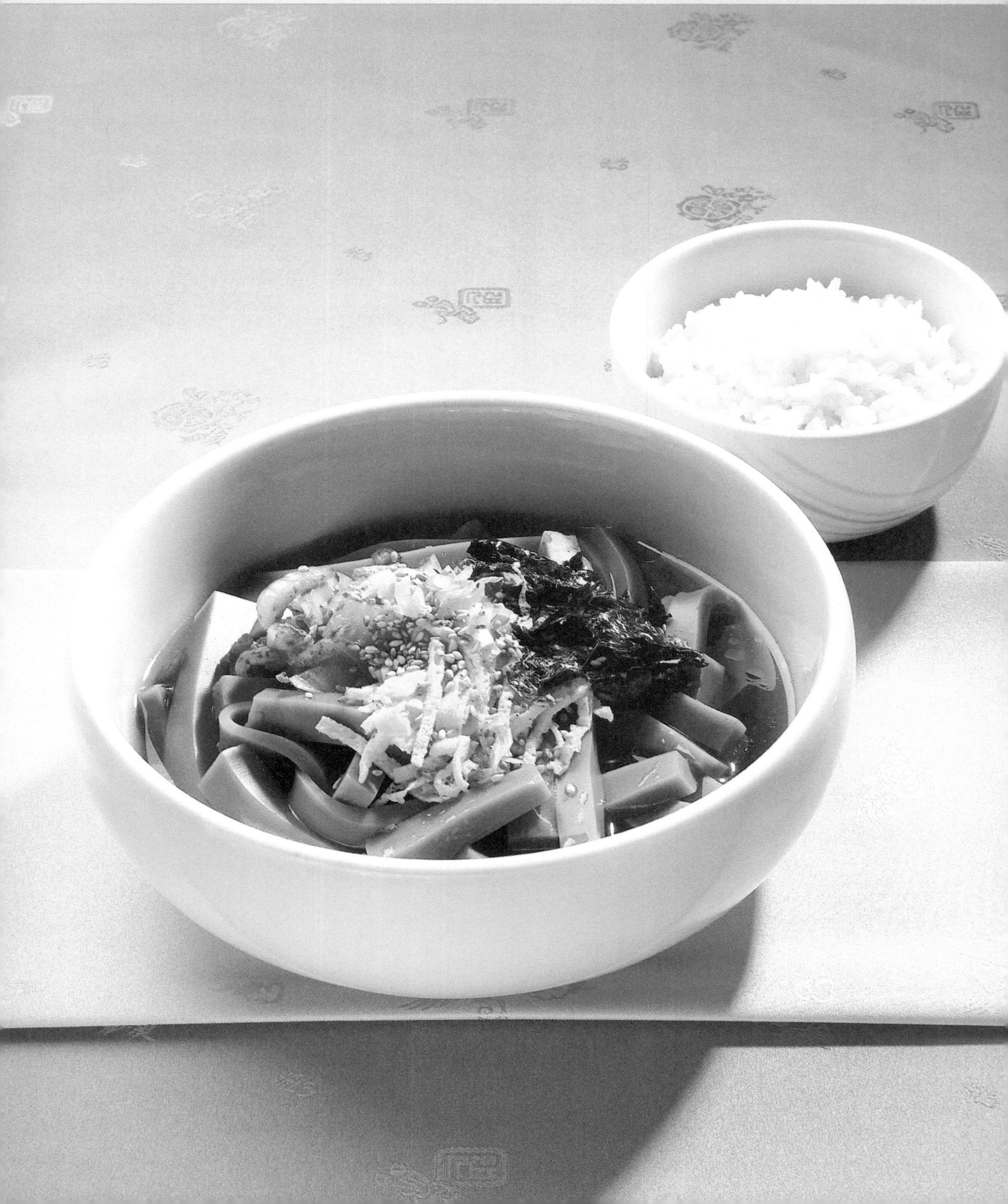

ドトリムク・パプ
（どんぐりトコロテン）

材料

どんぐりトコロテン 1個、卵　50g、キムチ 100g、のり 2g、肉汁 1.2L、いりごま　大さじ1、ごま油　少々
ヤンニョムジャン しょうゆ大さじ2、ねぎのみじん切り　小さじ1、にんにくのみじん切り　小さじ1/2、ごま油　小さじ1

作り方

1 どんぐりトコロテンは太めのせん切りにする。(7×1×1cm)
2 キムチは絞り、0.5cmくらいの幅に小口切りにし、ごま油をひいたフライパンで炒める。のりは火にあぶり、細かくちぎる。
3 卵は白身と黄身に分けて両方とも錦糸卵を作り、細めのせん切りをする。
4 「ヤンニョムジャン」の材料を混ぜ合わせてヤンニョムジャンを作る。
5 肉汁にヤンニョムジャンを入れて味をつける。1を器に盛り付け、ヤンニョムジャン入りの肉汁を注ぐ。キムチ炒め、白・黄の錦糸卵、いりごま、ちぎったのりを彩りよくトッピングする。

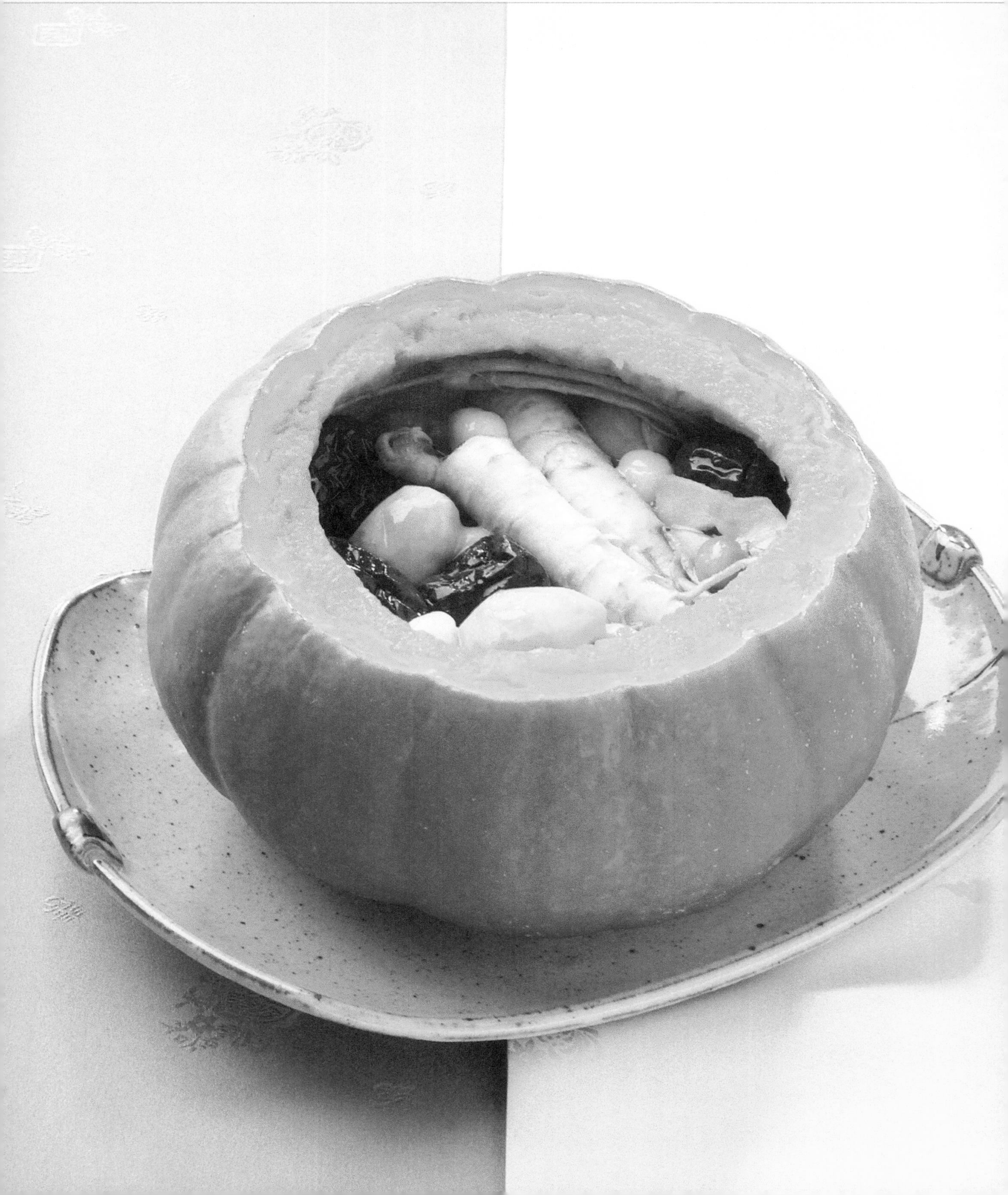

ホバク・チョン
（熟成カボチャの蒸し）

材料

熟成カボチャ　1.5kg、栗 200g、ナツメ 300g、銀杏 20g、しょうが 50g、朝鮮人参 2本、はちみつ 200g、もち米 100g、水 大さじ3

作り方

1 熟成カボチャは上の部分を切り、ふたの形を作る。中身を種ごと取り出しておく。

2 銀杏はサラダ油にさっと炒め、薄皮をとる。しょうがは皮をむき、薄切りにする。

3 もち米をお湯でこね、丸く小さな団子を作る。

4 熟成カボチャの中に栗、ナツメ、銀杏、しょうが、朝鮮人参、団子を入れる。上からはちみつを注ぎ、切りぶたでふさぎ、蒸し器でじっくりと蒸す。

豆知識

熟成カボチャは昔から産婦にいい食材として知られている。汁をとってもいいし、おかゆにしてもいい。

オッケペクスク
（沃鶏の水炊き）

材料

沃鶏 （沃川地方の地鶏）　1kg（1羽）、もち米 335g、栗 100g、ナツメ 10g、朝鮮人参 2本、黄耆（オウギ）　4本、ハトムギ粉 大さじ3、手打ちカルグッス麺 適量、水 適量、長ねぎ 35g、にんにく 20g、いりごま 少々、こしょう 少々、塩 少々

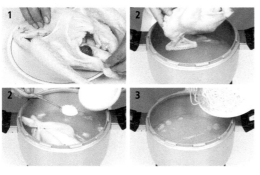

作り方

1 沃鶏は内臓を取り除いてよく洗い、お腹にナツメ、栗、もち米、朝鮮人参を詰める。

2 釜に鶏とにんにくを入れて鶏がかぶるくらいの水を注ぎ、火にかける。鶏肉に火が通ると、黄耆とハトムギ粉を加えてさらに煮る。

3 鶏肉が柔らかくなったら鶏を取り出しておく。釜に残った汁に長ねぎの小口切り(0.5cm)と手打ちカルグッス麺加えて煮る。最後にごま塩、塩、こしょうで味を調える。

豆知識

沃鶏は沃川地方でとれる地鶏で、足が黒色で一般鶏肉とは見た目でも分かるように違う。漢方薬剤を加えると臭みが取れる。残りの肉汁は麺やもち米を入れて煮て食べると無駄にならないし、栄養もとれる。

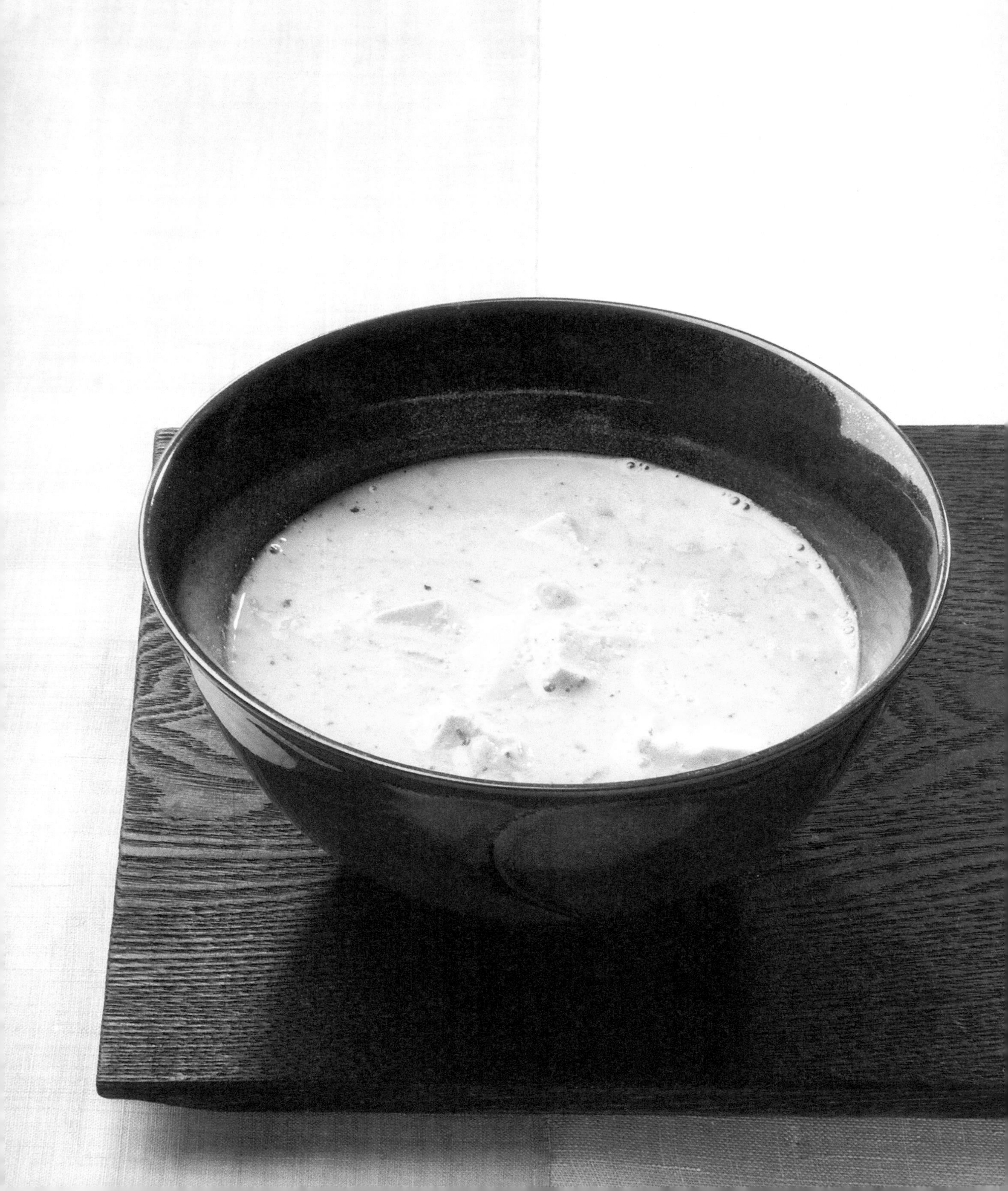

コンクク
（豆スープ）

材料

豆汁 5カップ、豆腐 250g、大豆もやし 200g、にんじん 140g、じゃがいも 300g、長ねぎ 10g、にんにく 10g、唐辛子粉　大さじ1/2、塩 少々

作り方

1 大豆もやしは水を入れてさっと茹でる。

2 にんじんとじゃがいもは長方形に切り(3×1×0.3cm)、塩を入れて半茹でする。豆腐も長方形に切る。

3 鍋に茹でた大豆もやし、にんじん、じゃがいもを入れて豆汁を注ぎ、一煮立ちさせる。

4 3が沸騰すると豆腐、にんにくのみじん切り、ねぎのみじん切りを加え、アクをとりながら煮る。唐辛子粉と塩で味を調える。

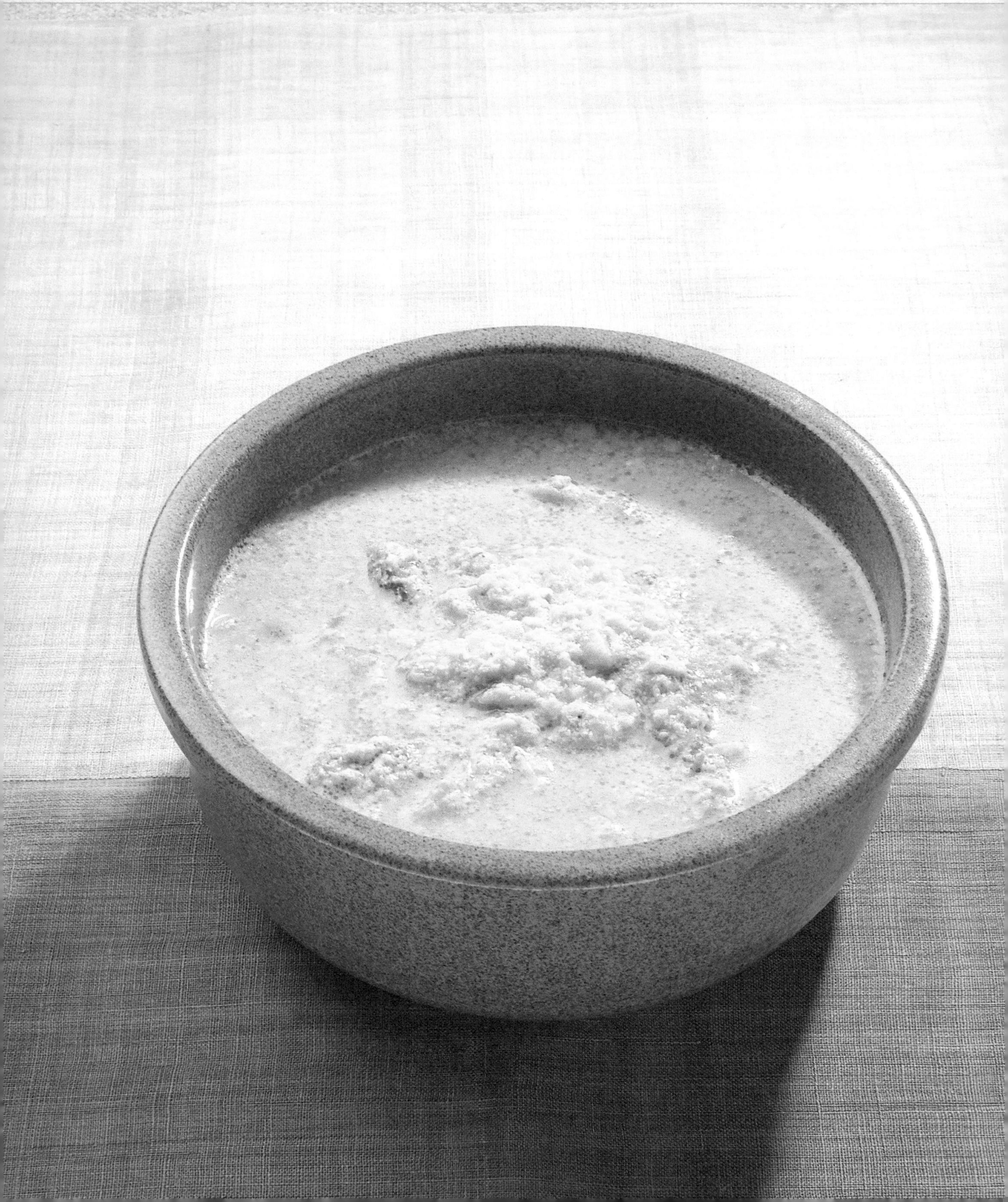

コンビジタン
（おから汁）

材料

豆　160g(1カップ)、豚かルビ肉　100g、白菜キムチ　50g、大根　20g、水　800mL(4カップ)、
アミの塩辛　大さじ2、塩　小さじ1
豚かルビ肉のヤンニョム　しょうゆ　大さじ1、ねぎのみじん切り　大さじ2、にんにくのみじん切り
大さじ1、しょうがのみじん切り　小さじ2、ごま油　小さじ1、こしょう　少々

作り方

1 豆は洗って一晩水につけておく。豆が十分ふやかしたら指でもんで皮を取り除きざるに上げ、水気
　を切る。ミキサーに豆を入れ、豆と同量の水を注ぎ、細かめにすりおろす。

2 豚かルビ肉は3cmくらいの大きさに切り、切り目をいれ、ヤンニョムでよく混ぜ合わせる。

3 大根は太めのせん切り（0.5cm x 0.5cm）をする。白菜キムチは2cmくらいの長さに切っておく。

4 底厚の鍋にサラダ油を少しひき、2の豚かルビ肉を炒める。肉に火が通ったらせん切り大根と白菜キ
　ムチを加えてさらに炒める。

5 4に1を注ぎ、中火でじっくりと煮る。汁が透明になったら塩とアミの塩辛で味を整える。

トドク・クイ
（ツルニンジンのコチュジャン焼き）

材料

ツルニンジン 300g、酢 少々

ヤンニョム コチュジャン 大さじ2、しょうゆ 大さじ2、砂糖 大さじ2、ねぎのみじん切り 小さじ2、にんにくのみじん切り 小さじ1、ごま塩 小さじ1、ごま油 小さじ1

タレ ごま油 大さじ1、しょうゆ 大さじ1

作り方

1 ツルニンジンは皮をむいてよく洗う。

2 ツルニンジンを縦にして半分に切り、棒で押し伸ばす。

3 ヤンニョムの材料を混ぜておく。

4 タレの材料を混ぜ合わせる。ツルニンジンにタレを塗り、さらに酢を塗り、熱した網に半焼きにしておく。

5 4にヤンニョムを満遍なく塗り、焦げないように弱火に焼きあげる。

豆知識

月岳山国立公園の付近にあるスアンボ温泉地域の特産物である野生ツルニンジンは、食欲をそそる郷土食材で、昔から「白人参」とも言われた。ツルニンジンのコチュジャン焼きは地元だけでなく、健康食と知られて観光客にも人気を呼んでいる。

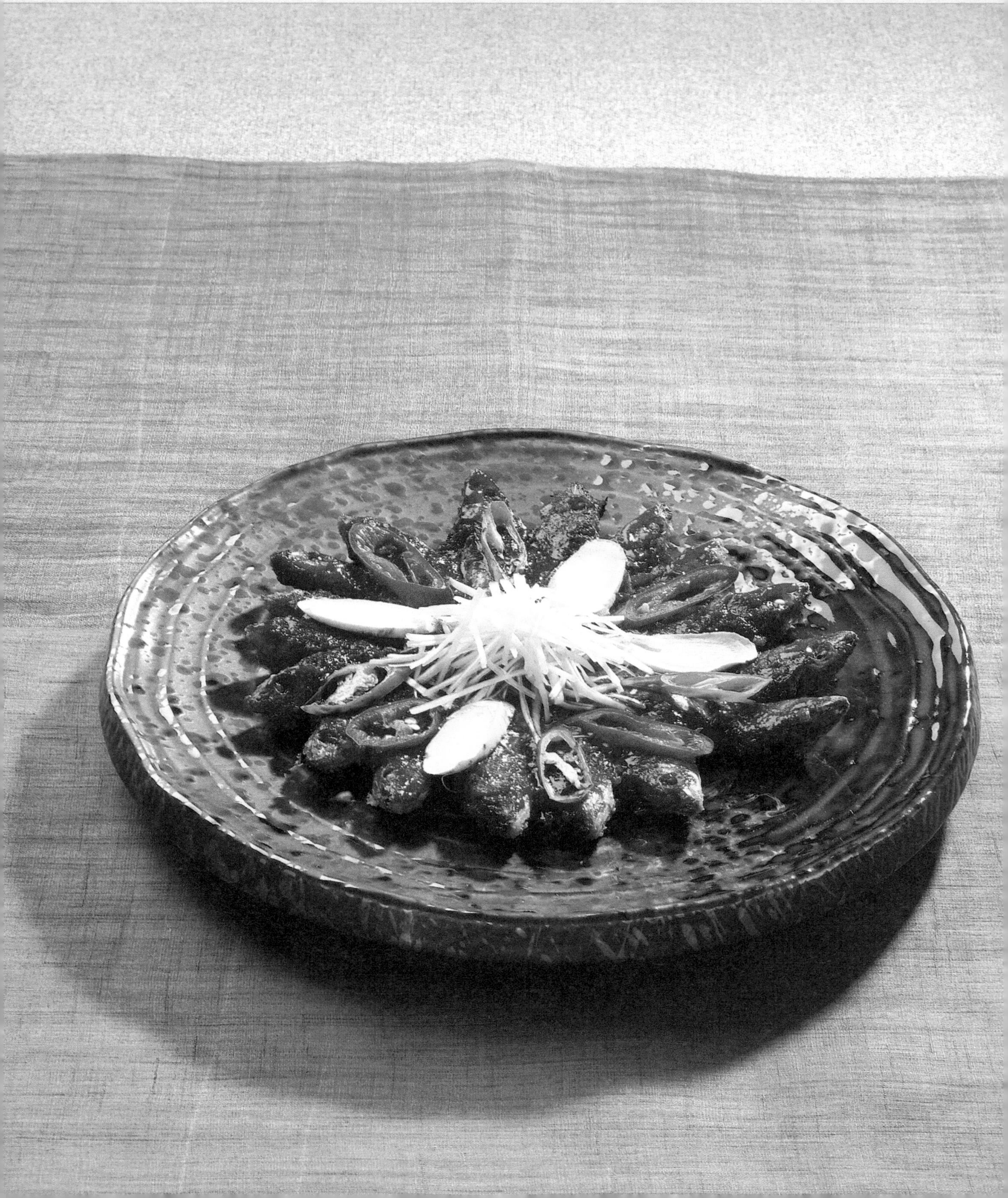

トリベンベンイ
（小魚の揚げ焼き）

材料

淡水魚(氷魚、鮠など)　170g、朝鮮人参(水参)　10g、にんじん　10g、長ねぎ　10g、青唐辛子　15g、赤唐辛子　15g

ヤンニョムジャン コチュジャン　大さじ3、にんにくのみじん切り　大さじ1/2、しょうがのみじん切り　大さじ1/2、砂糖 大さじ1/2、水　大さじ3

作り方

1 魚は姿のままフライパンに頭の方が外向き、しっぽがフライパンの真ん中に来るように円形に回す。弱火で片方だけさっと焼いてからサラダ油を入れ、きつね色になるまで揚げる。

2 にんじんと長ねぎはせん切りにし(5×0.2×0.2cm)、朝鮮人参と青唐辛子は0.3cmくらいの幅に斜め切りにする。

3 ヤンニョムジャンの材料を混ぜ合わせておく。

4 魚がきつね色になったら油だけを別の容器に取り出す。フライパンにある揚げ魚にヤンニョムジャンを塗り、2の材料をトッピングしてさっと焼く。

豆知識

堤川市にある有名な人工貯水池である義林池。この地の郷土食として定着したトリベンベンイは、小魚をフライパンに円形に回しておいてから調理する作り方から「トリベンベンイ」と名づけられた。（韓国ではべんべんという言葉は円や回るという意味をもっている）

最初、この料理は「魚揚げ」や「ハヤの煮物」というふうに呼ばれいたのが、あるお客さんが「丸く回して出すトリべんべんイちょうだい」と注文したのがきっかけでその以降、「トリベンベンイ」と呼ばれるようになったと伝えられる。

トトリジョン
（どんぐり粉入りチヂミ）

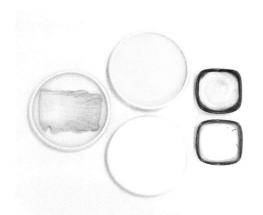

材料

どんぐり粉 150g、小麦粉 110g、白菜キムチ（切らないまま洗う）　適量、サラダ油 適量、水 600L、塩　小さじ1

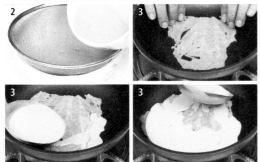

作り方

1 どんぐり粉と小麦粉を合わせて、塩と水を入れて柔らかめになるようにこねる。

2 1をふるいにかけ、大きな粒を細かく溶かせる。

3 フライパンにサラダ油をひき、洗った白菜キムチを1枚おいて2を薄くのばしながら流しいれる。

4 3が焼けたら裏返して焼く。

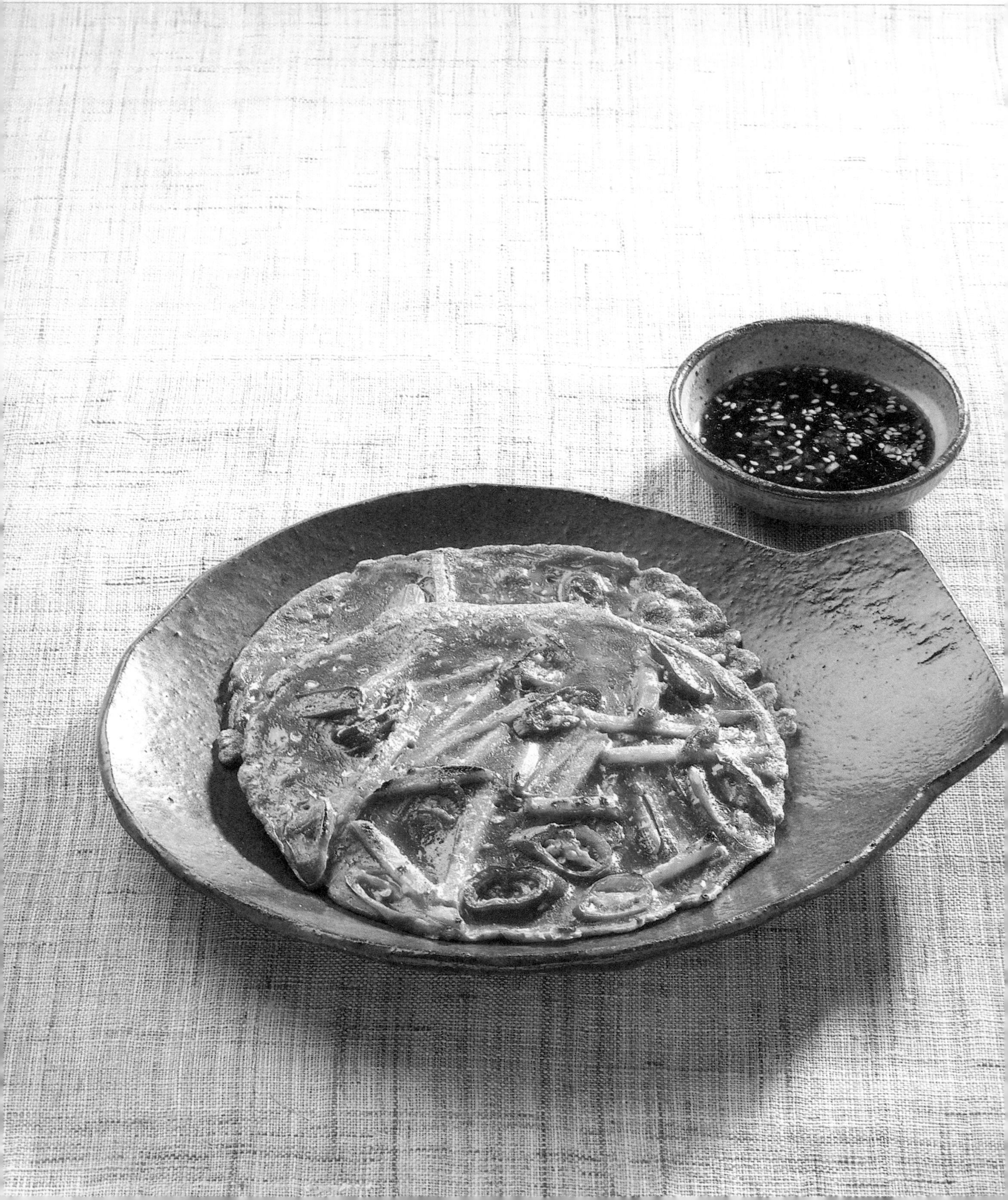

チクジョン
（葛粉のチヂミ）

材料

葛デンプン 160g、小麦粉 55g、青唐辛子 15g、赤唐辛子　15g、ズッキーニ 80g、水 400mL、塩少々、サラダ油　適量

作り方

1 葛デンプンに小麦粉と水を入れて柔らかめになるように混ぜ、ふるいにかける。
2 ズッキーニは厚めにせん切りをする。(5×0.3×0.3cm)　赤唐辛子、青唐辛子は0.3cm幅に斜めに切る。1と2を合わせる。
3 熱したフライパンにサラダ油をひいて2を薄く焼く。

豆知識

しょうゆ、ごま油、いりごま、ねぎのみじん切り、にんにくのみじん切りを混ぜ合わせたヤンニョムジャンを添えるといい。

ピョゴ・チャンアチ
（しいたけの漬物）

材料 1

干ししいたけ 100g、干し唐辛子 2個、にんにく 30g、水　適量、しょうゆ　4カップ、しょうが汁 大さじ1、塩大さじ1

材料 2

干ししいたけ 100g、しょうゆ　2カップ、薄口しょうゆ　2カップ、水飴　2 1/2カップ、砂糖　2カップ

昆布しょうゆ汁 昆布 20g、にんにく 30g、しょうが 20g、たまねぎ 70g、干し唐辛子 5個、水 7L

作り方 1

1 しょうゆに水、しょうが汁、塩、にんにく、干し唐辛子を入れて煮る。一煮立ったら冷ましておく。

2 つぼやビンに干ししいたけを詰め、しいたけがかぶるくらい冷ました2を注ぐ。

作り方 2

1 干ししいたけは水に戻してから軸をとり除き、水切りをする。

2 鍋に昆布しょうゆ汁の材料を入れ、20分くらい煮てガーゼにかけて汁をとっておく。

3 2の昆布しょうゆ汁にしょうゆ、薄口しょうゆ、砂糖、水飴を入れ、汁が1/3の量になるまで煮込む。

4 1を3に入れて煮る。一煮立ったらしいたけを取り出し、汁だけを5分くらいさらに煮込み、冷ましておく。

5 つぼに4の取り出したしいたけを詰め、4の汁を注ぐ。

忠清南道

禮唐平野と錦江流域の忠清南道は農地が多く穀物が豊富な地方。また西海岸に接しているために海産物も新鮮である。この地方の食は忠清北道のようにヤンニョムをあまり使わず自然のままの味を楽しむ。

テンジャン、韓国納豆チゲ、お粥、小麦麺、すいとん、ごった煮と麦ご飯が主な食である。夏には鶏肉、冬はカキや貝でトックや手打ち麺などをよく作る。熟成カボチャを使ったお粥、ごった煮、干しカボチャの餅、カボチャキムチなどもこの地域の特徴ある食だ。

クル・パプ
（カキ入りご飯）

材料

米 300g、カキ 300g、大豆もやし 150g、のり 2g、ご飯炊き用水 340mLえごまの油　大さじ1
ヤンニョムジャン しょうゆ　大さじ3、唐辛子粉　大さじ1、ヒメニラのみじん切り　小さじ1/2、ねぎのみじん切り　小さじ1/2、にんにくのみじん切り　小さじ1/2、ごま油　小さじ1/2、いりごま少々

作り方

1 米は洗って30分間ふやかす。
2 大豆もやしは流水によく洗う。
3 カキは身を塩水に洗い、水気を取る。
4 釜に1を入れてその上に大豆もやしをおき、水を入れて炊く。
5 4が沸騰してきたら、えごまの油を振り、カキをトッピングして弱火で蒸らす。
6 できあがったご飯を混ぜて器に盛り付け、火であぶったのりをちぎってまぶす。
7 「ヤンニョムジャン」の材料を混ぜ合わせる。
8 カキご飯にヤンニョムジャンを添える。食べる時は好みでヤンニョムジャンで味をつける。

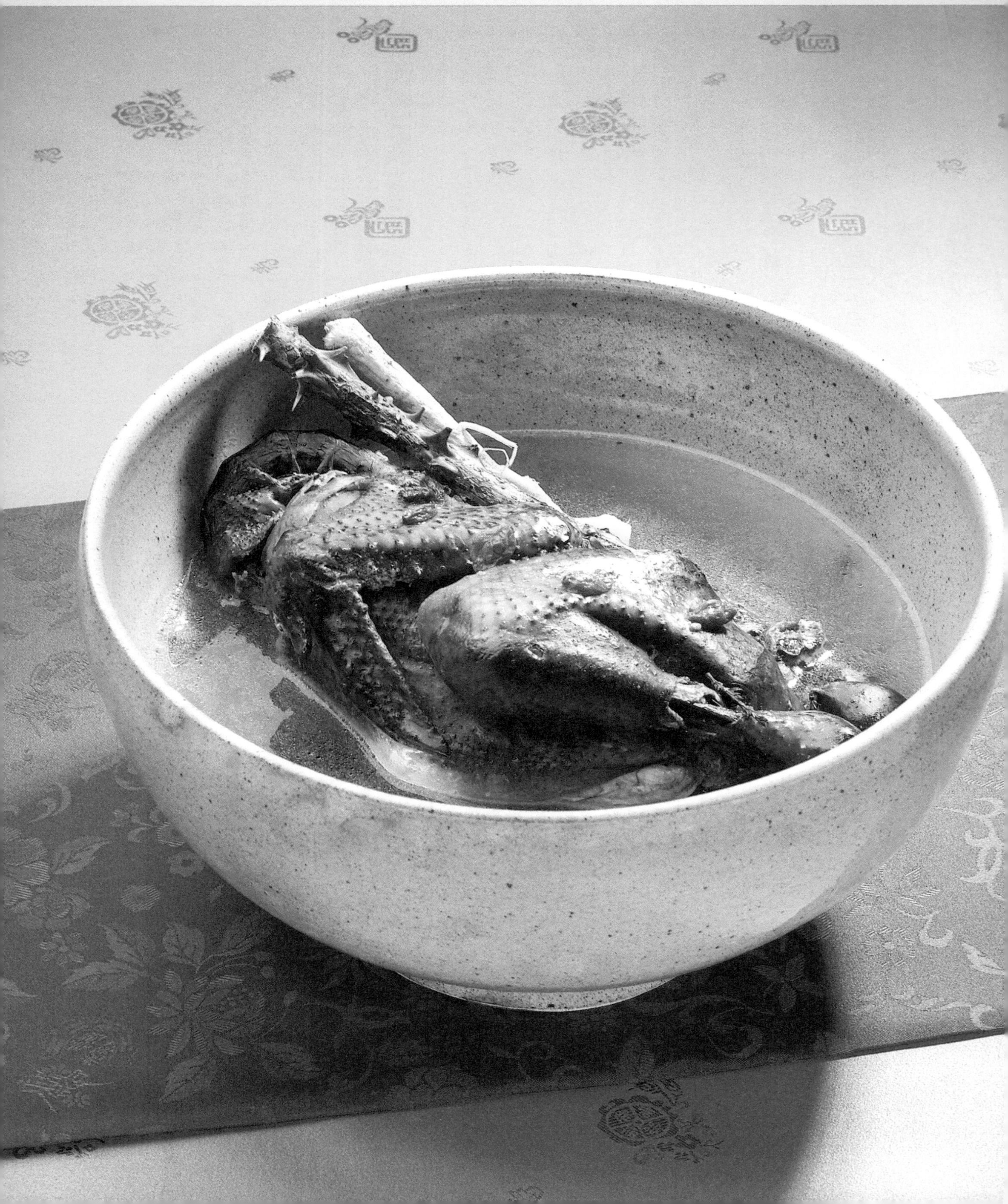

オゴルゲタン
（烏骨鶏の煮込み汁）

材料

烏骨鶏　1羽、ハリギリ・川芎・當歸・黄耆・鹿角・枸杞子・蒼朮・甘草・ナツメ・栗　各　適量、水 3L、粗塩　大さじ2

作り方

1 烏骨鶏は内臓と血を取り除き、粗塩でこすりながら洗う。

2 1を沸騰するお湯の中に入れてさっと茹でる。

3 栗は薄皮をむき、ハリギリ・川芎・當歸・黄耆・鹿角・枸杞子・蒼朮・甘草・ナツメはよく洗う。

4 水にハリギリ・川芎・當歸・黄耆・鹿角・枸杞子・蒼朮・甘草を入れて香りがたつまで煮る。

5 4にナツメ、栗、烏骨鶏を加え、さらにじっくりと煮込む。

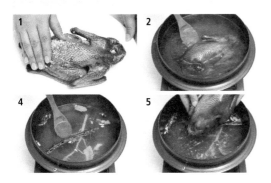

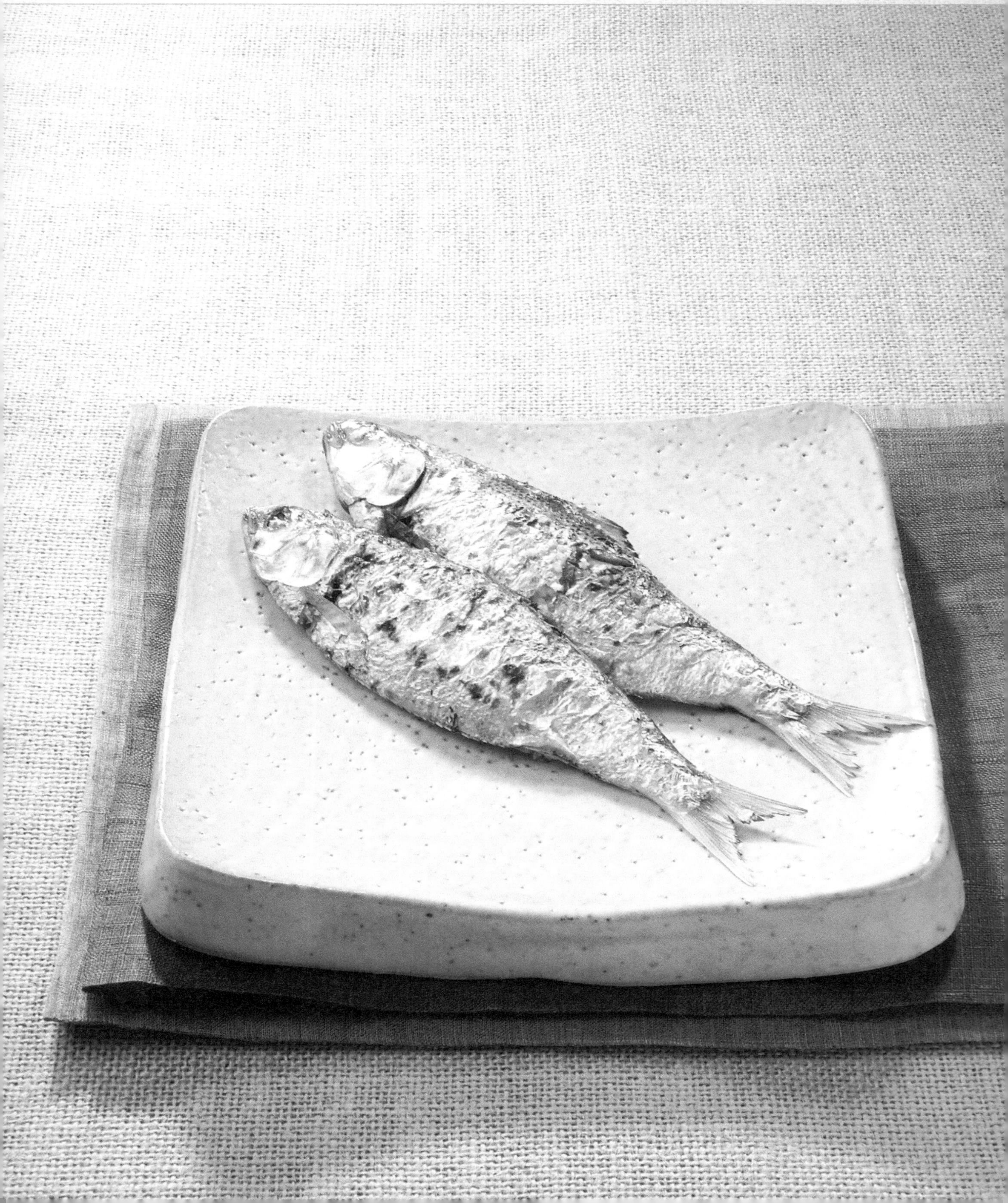

チョンオ・クイ
（コノシロ焼き）

材料

コノシロ　3匹、粗塩 大さじ1/2

作り方

1 コノシロはうろこを取り除き、よく洗う。水気を切り、粗塩を振っておく。(切り目は入れない)

2 アミに1をおき、両面を焼く。きつね色がつくまで焼いたら完成。

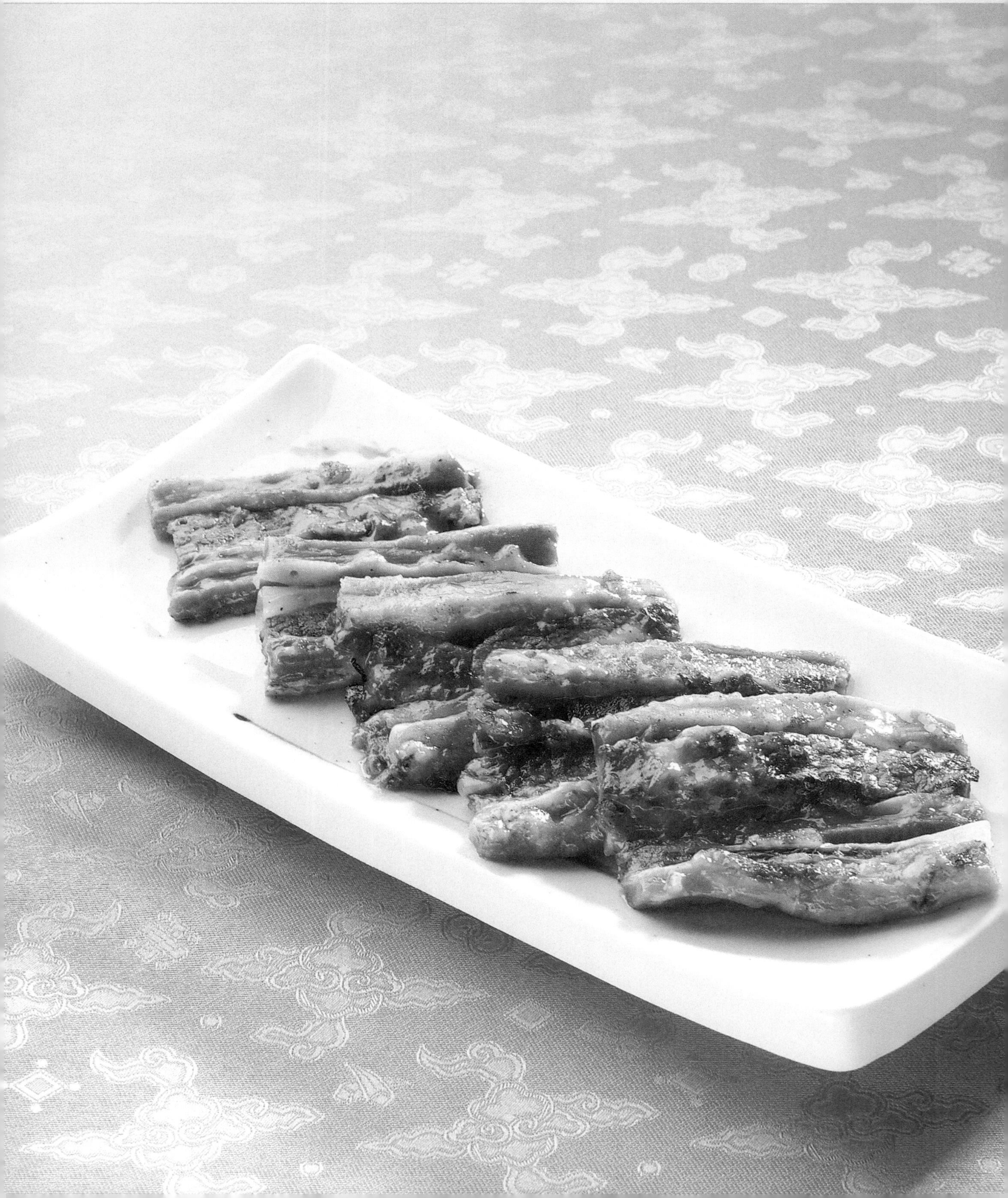

ホバクコジ・チヂミ
（熟成カボチャの串焼き）

材料

熟成カボチャ（干し物）100g、万能ねぎ 100g、牛肉 200g、もち米粉 100g、サラダ油 大さじ1、水 100mL

牛肉のヤンニョム しょうゆ 大さじ1、ねぎのみじん切り 小さじ2、砂糖 大さじ1、ごま油 小さじ1、ごま塩 小さじ2、こしょう 小さじ1/3

熟成カボチャ（干し物）のヤンニョム ねぎのみじん切り 小さじ2、しょうゆ 大さじ1、ごま油 小さじ1、ごま塩 小さじ2

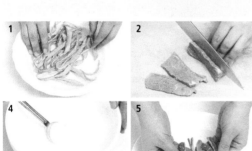

作り方

1 干しカボチャは水に戻し、6cmくらいの長さに切り、熟成カボチャ（干し物）のヤンニョムで和える。
2 牛肉は薄切りにし(6×1.5×0.5cm)「牛肉のヤンニョム」で和える。
3 万能ねぎは6cmくらいの長さに切り、ごま油で和える。
4 もち米粉は水によく溶かしておく。
5 串に干しカボチャ、牛肉、万能ねぎの順に刺す。両端には干しカボチャを刺した方が焼き形がきれいになる。
6 4に5をつけ、熱したフライパンにサラダ油をひいて焼く。

豆知識

この料理は干した熟成カボチャをヤンニョムし、串に刺して焼くチヂミの一種である。

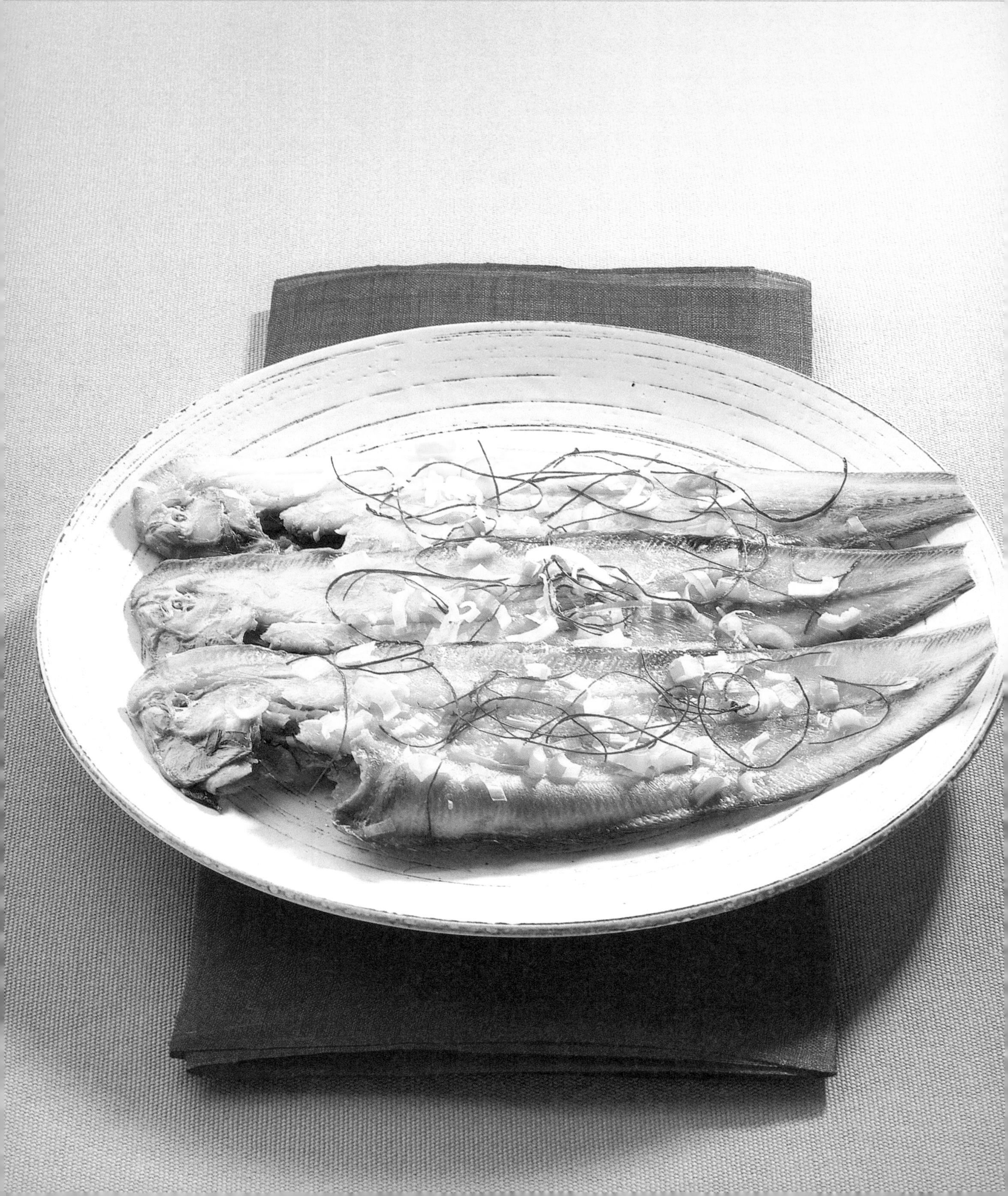

ソデ・チム
（舌平目の蒸し物）

材料

干し舌平目 100g、長ねぎ 10g、ごま油 大さじ1、糸唐辛子 適量

作り方

1 干し舌平目を水で洗い、乾いたガーゼで拭き水気をとる。

2 1に料理用のブラシでごま油を塗る。

3 2を蒸し器で蒸す。（湯気が立つまで蒸す）

4 湯気が立つと、小口切りにした長ねぎと糸唐辛子をトッピングし、ふたを閉じて蒸す。もう一度湯気が立つと出来上がり。

豆知識

「ソデ」という魚は、形が葉っぱみたいに薄くてついた名前である。身の味は淡白で多様な料理に使われる。塩につけてカレイみたいに干してから使うといい。そして皮をむいたものを蒸したり、油に焼いたりして食べてもおいしい。

ホデウ・チャンアチ
（クルミの醤油づけ）

材料

薄皮をむいたクルミ 240g、牛肉 100g、水 140mL、しょうゆ 大さじ3、 水飴 大さじ1
牛肉のヤンニョム しょうゆ 小さじ1、ねぎのみじん切り 小さじ1、にんにくのみじん切り 小さじ
1/2、ごま塩 小さじ1、ごま油 小さじ1

作り方

1 クルミを沸騰する熱湯に入れ、浮かび上がると火を止める。渋みを取るために10分くらいそのまま
　置いてから水にさらし、ざるに上げる。

2 牛肉はミンチにして「牛肉のヤンニョム」で和える。直径1.5〜2cmくらいの大きさの団子を作る。

3 鍋に水としょうゆを入れて煮る。一煮立ったら肉団子を入れ、肉団子に火が通ったらクルミを加え
　てさらに煮る。

4 汁が少なくなったら、水飴を加えて混ぜる。

ソサン・オリグルジョッ
（瑞山式生カキの塩辛）

材料

カキ 1kg、唐辛子粉　大さじ4、塩　大さじ4、焼酎　大さじ2、そば粉　大さじ2、水 400mL

作り方

1　カキは塩水によく洗って水気を切り、塩を振って3日間つけておく。

2　カキを3日間つけておくと少々赤っぽい色になる。ざるに上げて水気を切り、焼酎を入れて混ぜる。
　　（カキから出る黒っぽい水が完全に抜けるまでおいておく）

3　唐辛子粉を水に溶かして2のカキに混ぜ合わせる。.

4　水にそば粉を入れて溶き、どろっとのり状に作ってから冷ます。3にそば粉の溶き水を加えて和える。熟成期間により塩を調節する。

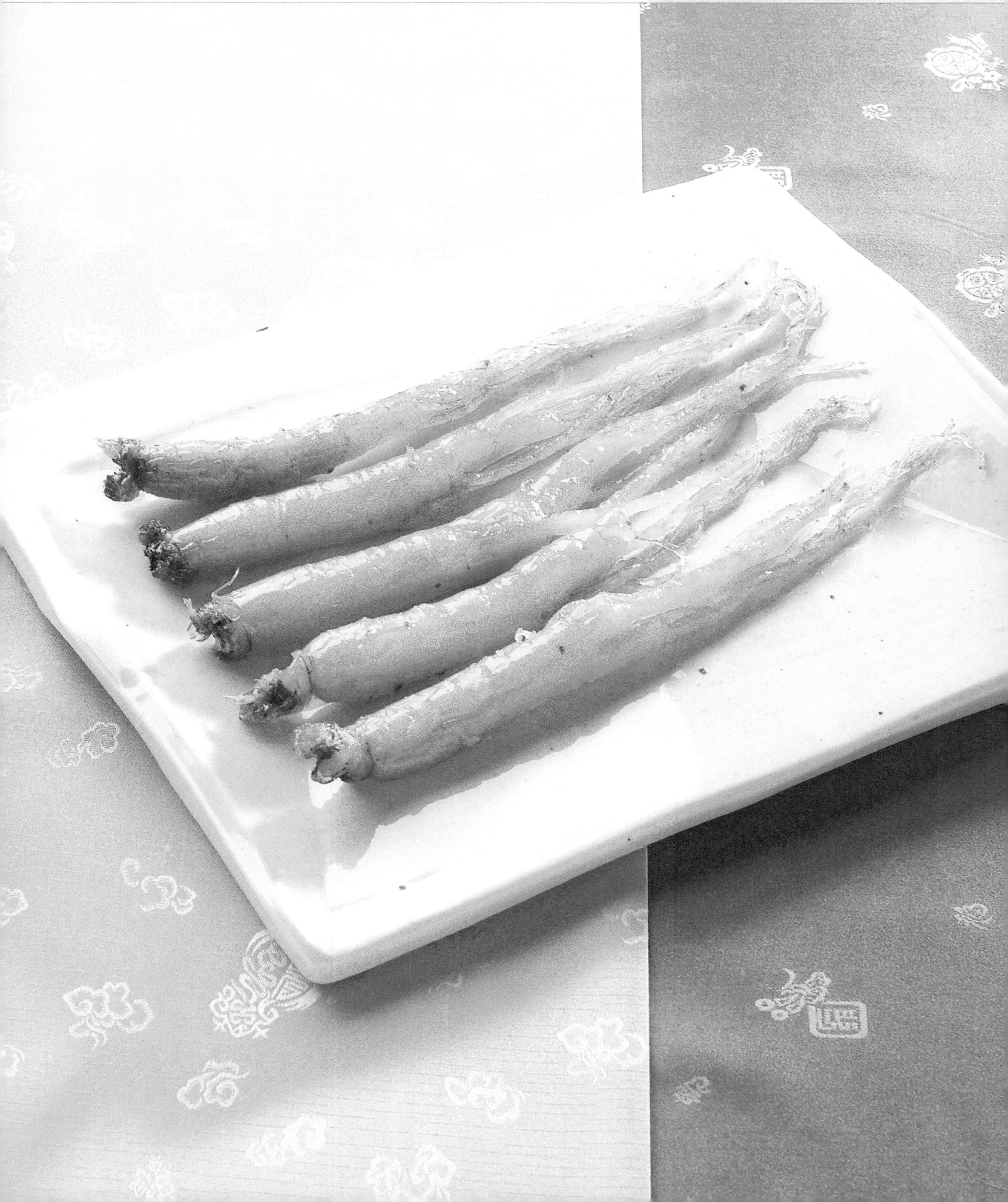

インサム・チョングァ
（朝鮮人参の正果）

材料

朝鮮人参(水参) 4本、砂糖 大さじ6、水飴 大さじ2、はちみつ 小さじ1、水 適量

作り方

1 朝鮮人参(水参)はブラシをかけてからよく洗い、柔らかくなるまで茹でる。茹で汁は捨てないでとっておく。

2 鍋に茹でた朝鮮人参を入れて、1の茹で汁を注ぎ、砂糖を加えて弱火で煮る。(人参:砂糖=2:1) 煮る途中にはかき混ぜたりはしない。（砂糖がからむと硬くなる）

3 汁が半分になったら水飴をいれ、弱火のままさらに煮る。この時もかき混ぜたりしないように気をつける。

4 汁がほとんどなくなったら、人参の色が薄茶色になりつやが出てくる。はちみつを加えて混ぜてから器に盛り付ける。はちみつを加えることでさらにつやと香りが増す。

豆知識

朝鮮人参正果は昔から男性の陽気に効く食べ物として伝えられる。

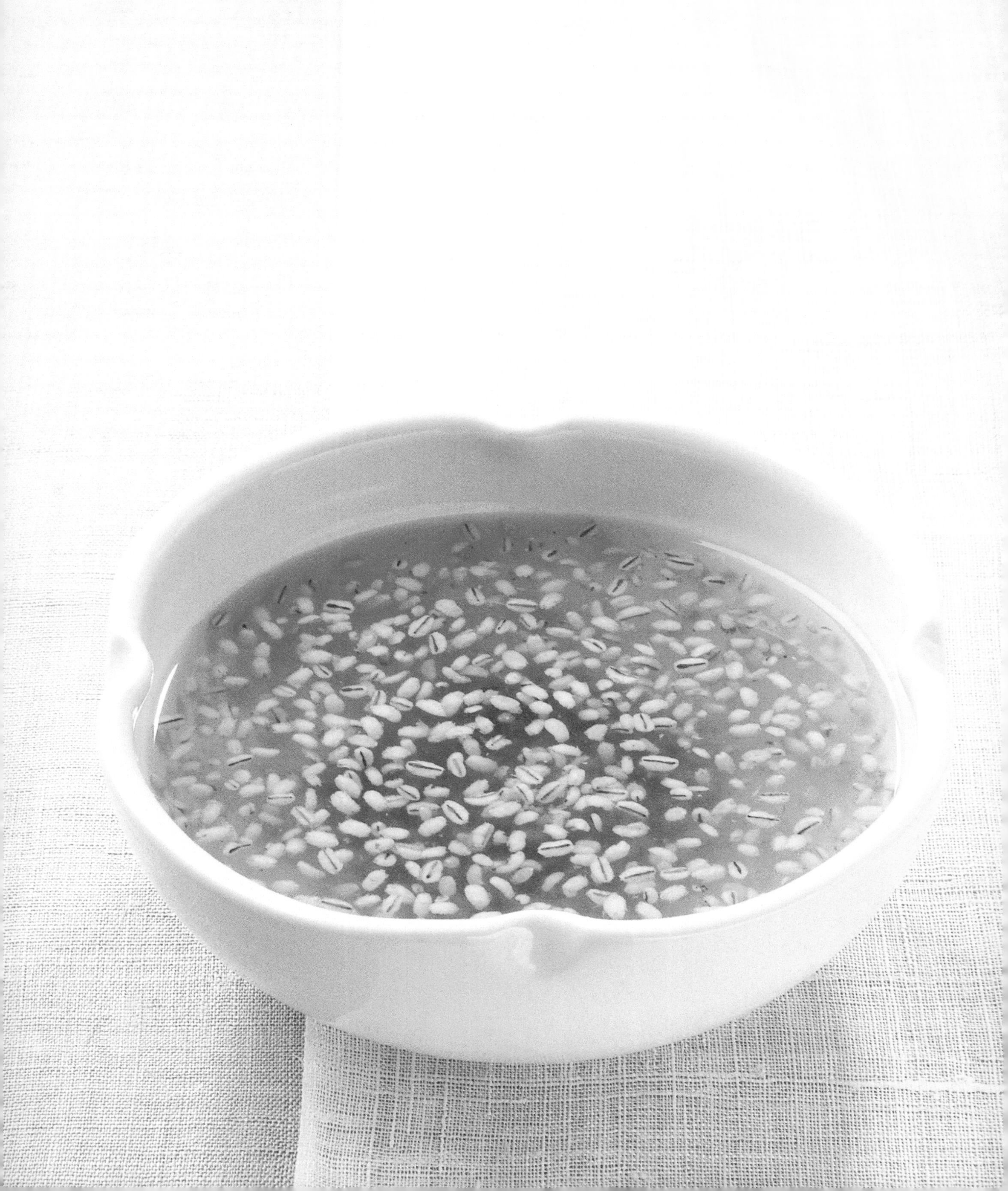

ボリシッケ
（麦の甘酒）

材料

麦ご飯 630g、麦芽の粉 120g、水 3L、麹 1/2カップ、砂糖 2カップ

作り方

1 麦芽の粉を水に入れて手で強くこすりながら溶く。ふるいにかけ、こすりながらボールに汁を取っておく。

2 1をしばらく置いておき、上水だけをそっと別のボールに注いでおく。

3 麦ご飯に麹を入れ、こねてから2を加えてよく混ぜ合わせる。

4 50～60℃の温度で一晩寝かせる。ご飯粒が浮かんできたら、ふるいにかけてご飯粒をとっておく。汁は砂糖を入れて煮る。

5 汁を冷蔵庫で冷ます。食べる時は冷ました汁にとっておいたご飯粒を浮かばせる。

豆知識

「シッケ」の基本的な調理法は、ご飯を麦芽で寝かせることである。食べる時は松の実を加えてもおいしい。似た様なもので「カンジュ」というものがあるが、これは上にご飯粒を追加してない物を言う。「韓国の食べ物の作り方」には「シッケはもち米よりはうる米で作った方がより飲みやすい」と書いてある。（普通シッケはもち米で作る）昔ははちみつを加えたが、「朝鮮料理法」以降は砂糖を使うのが普通になった。また、シッケの色と味を出すためにゆず、ザクロの実、ナツメ、栗なども使われた。

この麦のシッケはお米が不足した時代の産物で、麦ご飯を利用したのが始まりだった。昔の人達は甘酸っぱい麦シッケを大きな木の下で、藁の座布団に座り、家族や友人とよく食べたと言う。

全羅北道

全羅北道には韓国最大の農地である湖南平野があり、西海、そして山もある地域だ。韓国全体の米生産量の16％をも示すほど農業が発達したところであり、水産業や山間地方の朝鮮人参やキキョウ、五味子などの生産地としても名高い。

　全州はさつま芋ご飯、うる米とあわご飯、ビビンバ、大豆もやし入りクッパプなどが有名だ。

この地域では正月には煮干、牛肉、またはキジ肉をだしにとって使ったトックを食べる。大豆もやしのスープもよく出される物で塩だけで味つけをするのが特徴。わかめスープにも塩だけを使う。

キムチは冬の漬け以外には唐辛子を使わない。キムチには主にもち米のスープやご飯、にんにく、しょうが、唐辛子などいろいろな食材をすりおろし塩辛汁に混ぜて大根の千切りを加えて白菜にはさむ。餅類の中ではもち米粉入りの薄焼き、麦餅などが有名。

その中でも特色のあるものは「トッジャバン」。この餅はもち米にコチュジャンを入れて生地を作り薄焼きにしてしょうゆ、砂糖、唐辛子粉のヤンニョムタレにつけておかずとして食べるこの地域ならではの食である。

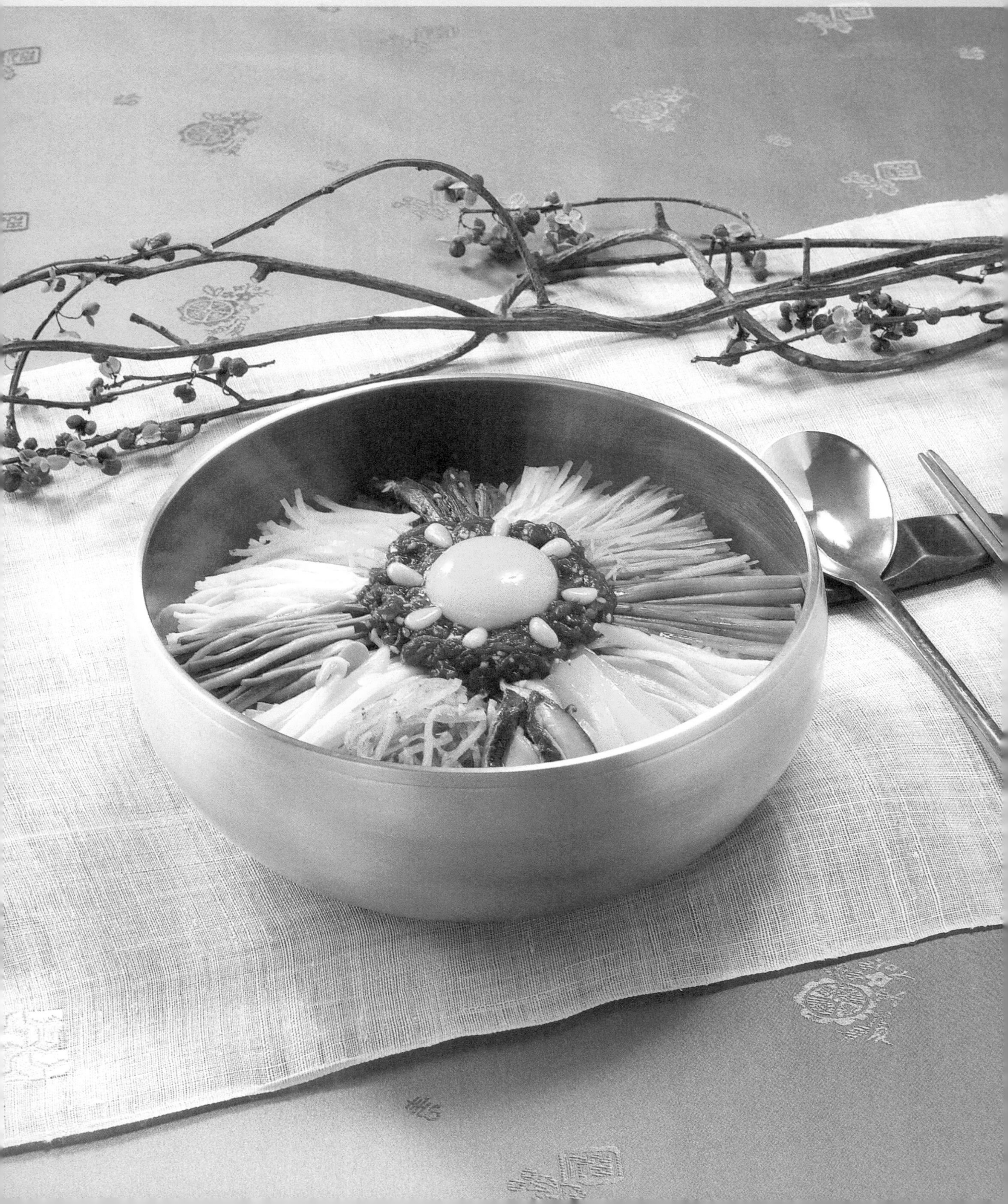

チョンジュ・ビビンパプ
（全州ビビンバ）*

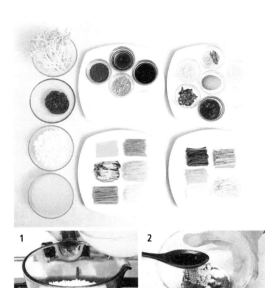

材料

米 540g、牛肉ユッケ(または牛肉炒め) 150g、牛骨肉汁　800mL、大豆もやし 100g、セリ 100g、ズッキーニ　200g、キキョウ　100g、ワラビ 150g、干ししいたけ 10g、大根 80g、きゅうり 70g、にんじん 70g、黄泡ムク（緑豆で作るトコロテン）150g、卵 400g、もち米のコチュジャン 70g、昆布の素揚げ・松の実・サラダ油　適量

牛肉ユッケのヤンニョム　しょうゆ 小さじ1、酒　小さじ 1、ごま油 小さじ1、にんにくのみじん切り、いりごま・砂糖 少々

大豆もやし・セリ・ズッキーニ・キキョウのヤンニョム　塩・にんにくのみじん切り・ごま塩・ごま油 適量

ワラビ・しいたけのヤンニョム　しょうゆ・にんにくのみじん切り・ごま塩・ごま油 適量

大根のヤンニョム　唐辛子粉・塩・にんにくのみじん切り・しょうがのみじん切り 適量

作り方

1 米に水の代わりに牛骨肉汁を入れ、少々固めに炊く。
　ご飯ができたら大き目のボールに入れて冷ます。

2 牛肉ユッケは「牛肉ユッケのヤンニョム」で和える。

3 大豆もやしとセリは熱湯にさっと茹で、
　「大豆もやし・セリ・ズッキーニ・キキョウのヤンニョム」で和える。

4 ズッキーニはせん切りにし、塩もみしてから絞る。キキョウは縦に薄くちぎり、塩もみして絞る。
　ズッキーニとキキョウを「大豆もやし・セリ・ズッキーニ・キキョウのヤンニョム」を入れ、
　別々にサラダ油で炒める。

5 ワラビは水に戻し、1～2時間ほどつけてから茹で、2～3cmくらいの長さに切る。
　干ししいたけは水に戻してせん切りにし、「ワラビ・しいたけのヤンニョム」で炒める。

6 大根はせん切りにし「大根のヤンニョム」で和え、きゅうりとにんじんは細めのせん切りにする。

7 黄泡ムクはせん切りにし、卵は錦糸卵を作る。 昆布の素揚げは小さくちぎっておく。

8 器に冷ましたご飯を入れ、材料をご飯の上にトッピングする。トッピングの際は、
　材料の色を合わせ彩りよく並べ、コチュジャンをのせる

9 真ん中にユッケをトッピングし、好みにより生卵の黄身をユッケの上にのせ、松の実で飾る。

豆知識

全州は水質と気候がよくて昔から質のいい大豆もやしが生産された。なんと言ってもチョンジュ・ビビンバで一番大事なトッピング材料はユッケである。ビビンバには大豆もやしのスープと、コチュジャンの炒め、ごま油、水キムチなどを添えると一層おいしく食べることができる。

---

* ビビンバは韓国の代表的健康食として有名だ。

チョンジュ・コンナムル・クッパプ
（全州式ご飯入りモヤシスープ）

材料

ご飯 420g、大豆もやし 200g、長ねぎ 20g、卵 100g、茹でイカ　1/2匹、アミの塩辛汁　大さじ 3、熟成キムチ炒め・ごま塩・唐辛子粉・塩　少々

大豆もやしのヤンニョム　しょうゆ　大さじ2、にんにくのみじん切り　大さじ2、唐辛子粉　大さじ 2、ごま油　大さじ1、ごま塩　大さじ1

だし汁　煮干だし(煮干、昆布、水) 600mL、大豆もやしの茹で汁 600mL

作り方

1　大豆もやしはよ洗って、沸騰する熱湯に塩茹でする。茹でる時はさっと茹で、
　　茹で汁は捨てないでとっておく。

2　長ねぎは小口切りにする。

3　茹でた大豆もやしを「大豆もやしのヤンニョム」で和える。

4　煮干だしと大豆もやしの茹で汁を合わせて鍋に入れてご飯、ヤンニョムした大豆もやし、
　　アミの塩辛汁を加えて煮る。

5　一煮立ったら長ねぎとキムチ炒め、ごま塩、唐辛子粉を入れる。

6　卵や茹でイカを入れてもおいしい。

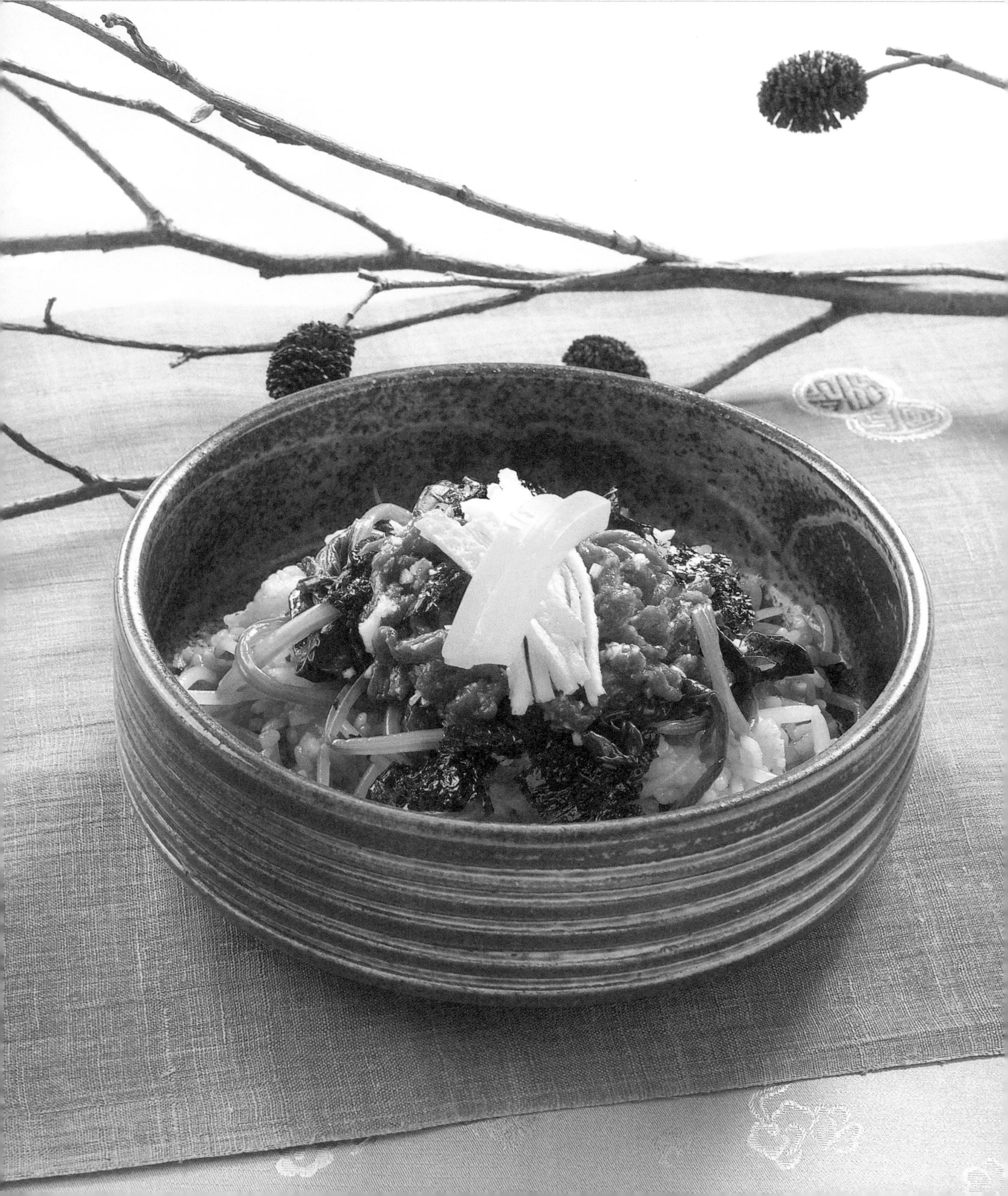

ファンデウン・ビビンパプ
(ユッケビビンバ)

材料

米 360g、牛肉(ユッケ用) 200g、大豆もやし 100g、ほうれん草 80g、黄泡ムク（緑豆で作るトコロテン） 80g、炊飯水 470mL、卵 200g、のり・塩 少々
ユッケのヤンニョム しょうゆ 大さじ2、にんにくのみじん切り 大さじ1、ごま油 大さじ1、砂糖 大さじ1、唐辛子粉 小さじ2
ヤンニョムジャン しょうゆ 大さじ4、ねぎのみじん切り　大さじ2、にんにくのみじん切り 大さじ1、ごま油　大さじ1、唐辛子粉　小さじ2

作り方

1 炊飯水でご飯を炊く。
2 牛肉はせん切り(5×0.3×0.3cm) して「ユッケのヤンニョム」で和える。
3 大豆もやしとほうれん草は別々にさっと茹で、ほうれん草のみ塩で味つけをする。
4 黄泡ムクは牛肉と同じような形でせん切りをする。
5 「ヤンニョムジャン」の材料を合わせ、ヤンニョムジャンを作っておく。
6 ご飯が出来上がったら、ご飯に大豆もやしとヤンニョムジャンを入れて混ぜる。器に盛り付け、ほうれん草とユッケをトッピングする。
7 最後にちぎったのり、錦糸卵、黄泡ムクをのせる。好みにより ごま油を入れる。

豆知識

ビビンバの起源にはいろいろな説がある。いくつかの説を紹介すると次のようである。
1. 朝鮮時代に王様にお昼の時に親戚が訪れてきた時、軽い食事をとったことから由来したと言う宮中昼食の説。
2. 乱が起きた時、王様が避難した際、食事の支度が十分でなかったためにご飯にナムルなどをのせて、差し上げたと言う避難食と言う説。
3. 農繁期には毎回ちゃんとした食事を作るのが大変で、ご飯の上にいろいろな食材をのせて食べる手軽な方法をとったと言う農繁期食の説。
4. 東学の農民革命の際に食器が十分でなかったため、器一つに食べ物を全部入れて食べたことから由来した東学の農民革命説。
5. 祭りが終わると祭り用に作ったお供えを混ぜて食べた習慣から来たという祭り食の説。

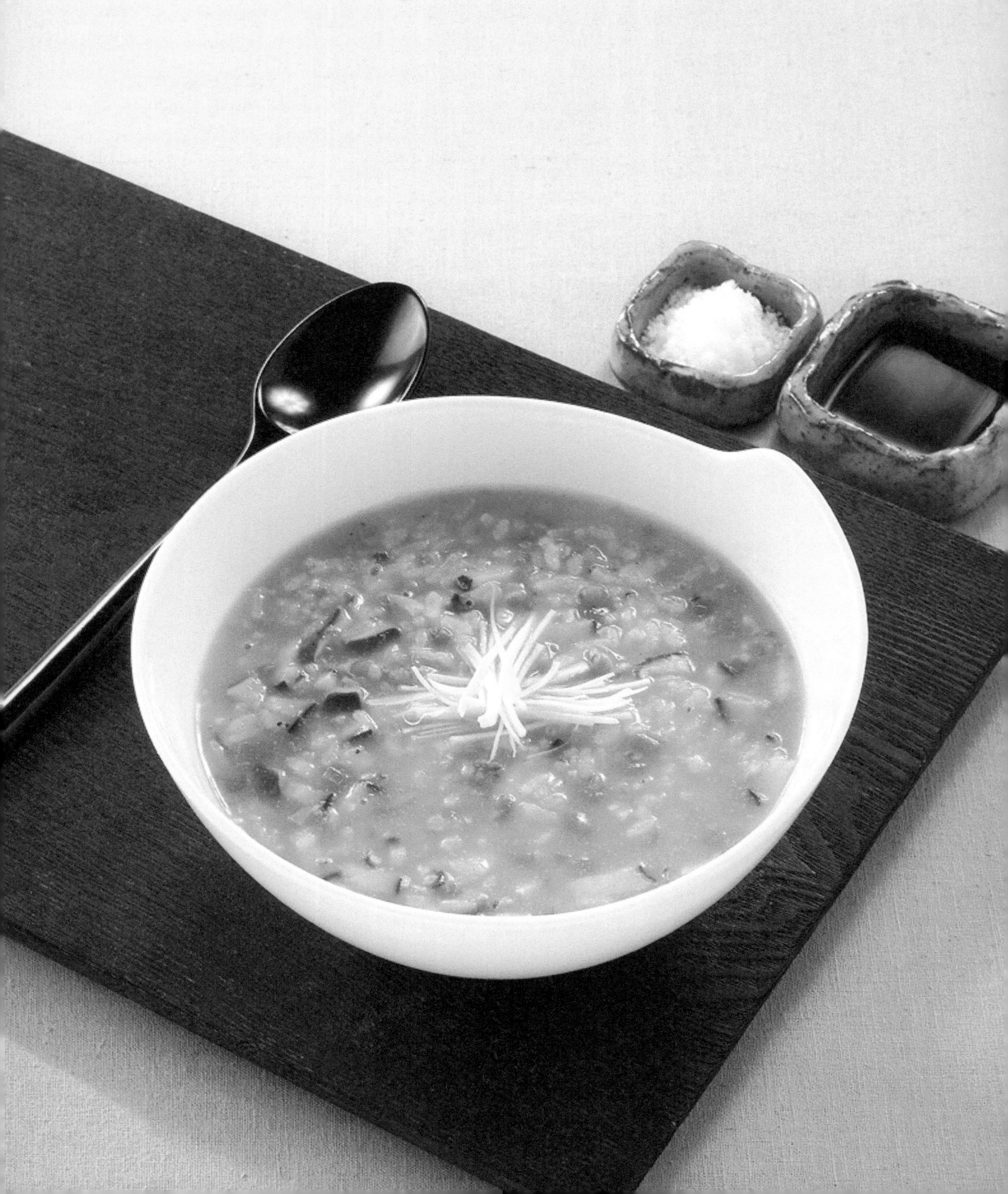

バジラク・ジュク
（アサリ粥）

材料

うる米 360g　または　もち米 335g、アサリ 100g、水 2L、緑豆 80g、しいたけ 50g、にんじん 60g、朝鮮人参　1本、ねぎのみじん切り　大さじ1、にんにくのみじん切り　大さじ1、しょうゆ 大さじ1、ごま油　大さじ1

作り方

1 米はよく洗って水につけてからざるに上げて水気を切る。
　ざるに上げるとき残りの米とぎ汁は捨てないでとっておく。
2 緑豆は洗って水につけ、ふやかしてから薄皮を取る。
3 しいたけは熱湯にさっと茹で、0.1cmくらいの大きさにみじん切りし、しょうゆで味をつける。
4 にんじんはみじん切りにし、朝鮮人参はせん切りをする。(5×0.2×0.2cm)
5 砂抜きをしたアサリは身を細かめにみじん切りにし、ごま油をひいた鍋で炒める。
6 アサリに火が通ると、米を加えてさらに炒める。
7 6の鍋に米とぎ汁を注ぎ、30分くらい煮る。
8 米が柔らかくなったら緑豆、しいたけ、にんじんのせん切り、ねぎのみじん切り、
　にんにくのみじん切りを加えさらに煮る。
9 野菜が柔らかくなるとしょうゆで味を整え、朝鮮人参のせん切りをトッピングして出す。

テハプ・チム
(ハマグリの蒸物)

材料

生ハマグリ 2kg、豆腐 170g、牛肉 50g、卵 200g、イワタケ 5g、赤唐辛子 60g、青唐辛子 60g、小麦粉 大さじ2
ヤンニョム しょうゆ 大さじ1/2、ねぎにみじん切り・にんにくのみじん切り・砂糖・ごま塩 適量、ごま油 少々

作り方

1 ハマグリは砂抜きをしてから殻をこすりながらよく洗う。
2 ハマグリの殻を開いて身を取り出す。（殻は捨てない）ハマグリの身、豆腐、
　牛肉をミンチ状になるまで叩き、ヤンニョムを入れて混ぜ合わせる。
3 ハマグリの殻をよく洗ってから水気を切り、2を殻の中に詰めて小麦粉を振る。卵の黄身（1個分）
　を塗り、蒸し器で蒸す。
4 卵を茹でて白身と黄身に分けてから、別々にふるいにかける。（荒めの粉状にする）イワタケ、
　赤唐辛子、青唐辛子はみじん切りにする。
5 3の上に4の卵、イワタケ、 赤・青唐辛子を彩りよくトッピングして盛り付ける。

豆知識

この料理はハマグリの身と様々な食材を混ぜてから殻に詰めて
蒸す食べ物で、貝が旬の春や秋によりおいしくいただける料理
である。様々な本にハマグリの蒸し物として載っている。ハマ
グリは刺身としても、スープに入れてもいいが、干しハマグリ
の身をご飯と一緒に炊いてもおいしい。お祝いの時は必ず作っ
た料理であると言われている。

チョンジュ・キョンダン
（全州団子）

材料

もち米 900g、栗のせん切り 1/2カップ、ナツメのせん切り 1/2カップ、干し柿のせん切り 1/2カップ、砂糖 75g、水 150mL、塩 大さじ1

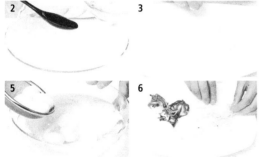

作り方

1 もち米は洗い、5時間以上を水につけておいてから水気を切る。水気を切った米に塩を振り、ミキサーにかけ、粉の状態にしてからさらにふるいにかける。

2 1にお湯を少しずつ入れながらよくこねる。

3 2を濡れたガーゼに包んでおく。（団子を作る時、乾かないようにするため）少しずつちぎって団子をつくる。

4 大きな鍋に水と砂糖をいれて煮る。一煮たったら3の団子を加えて茹でる。

5 団子が浮かび上がったら取り出し、冷水にさらして水気を切る。

6 栗・ナツメ・干し柿のせん切りを別々にお皿に広げ、一種類ずつ団子につける。

［　全羅南道　］

全羅南道の食は多様さに富んでいるのが特徴。西南海岸では海産物が多く取られ、東北山岳地域では山菜を使う料理が多い。この地域ではガンギエイ料理が貴重な食べ物として扱われて特に結婚式などでは必ず作る料理になっている。キムチは白菜、大根、ミニ大根、きゅうり、カラシナ、ねぎ、青唐辛子、青海苔などの食材に塩辛汁や唐辛子粉をふんだんに使っている。お餅は塩と砂糖を大目に使うものが多い。
お餅の色をつけるときにはカラムシの葉やヨモギを加える。

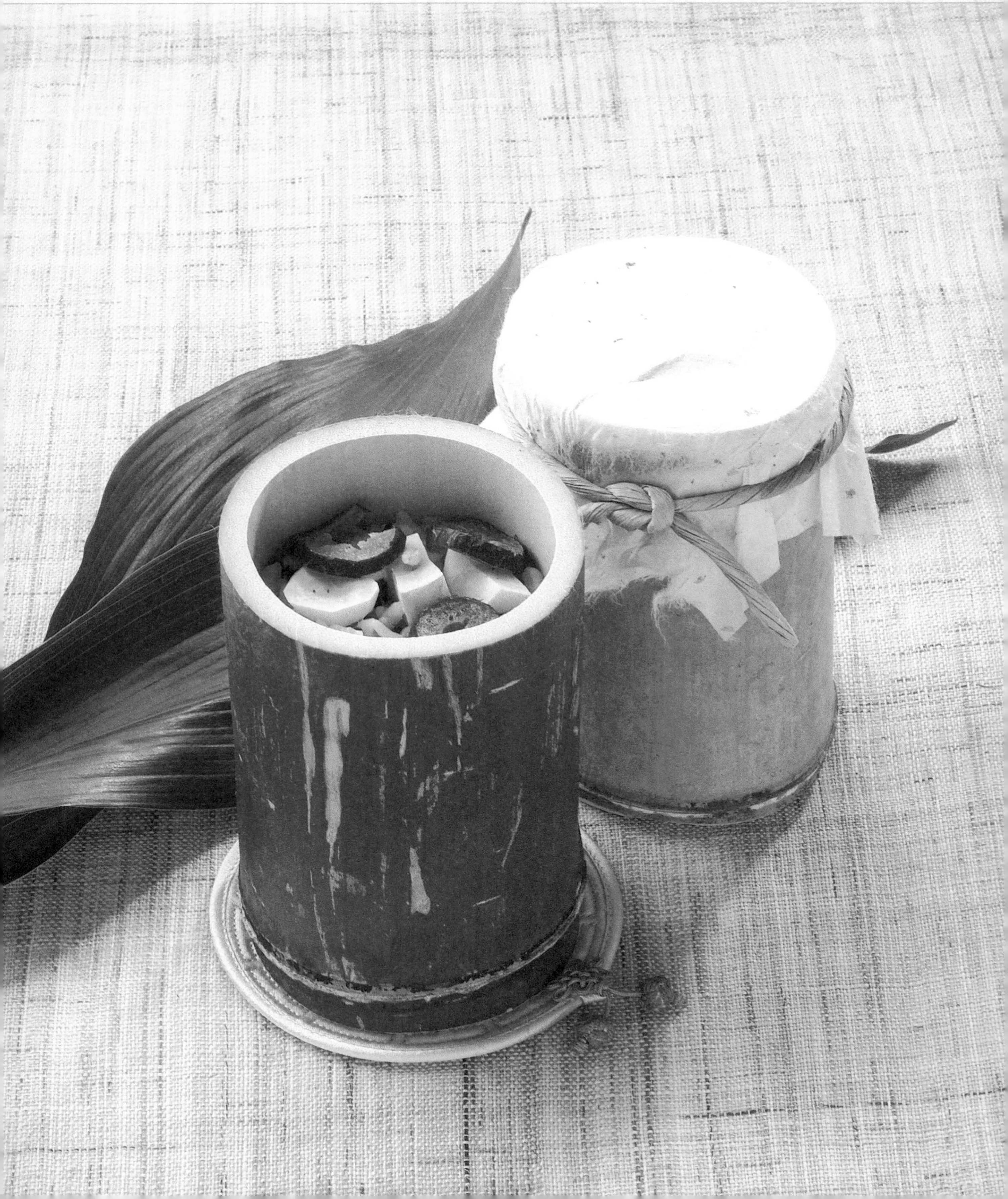

テトン・パプ
（竹筒ご飯）

材料

うる米 150g、もち米　150g、玄米 30g、麦 30g、黒米 10g、栗 130g、銀杏 30g、ナツメ 16g、松の実10g、水　適量

作り方

1 うる米、もち米、玄米、麦、黒米は混ぜ合わせて洗う。一晩水につけておく。

2 竹筒に1を60％くらい詰め、水を注ぐ。水の高さは雑穀を1cmくらいぶるようにする。

3 栗、銀杏、松の実は薄皮をむく。ナツメの皮はむかなくていい。栗は半分に切り、
　ナツメは輪切りにする。栗、銀杏、ナツメ、松の実を2の雑穀の上にのせ、韓紙を被せる。

4 釜に竹筒を入れ、竹筒の高さの半分ほどになるよう水を注ぎ、40分間蒸す。

5 5〜10分ほど蒸らして取り出す。

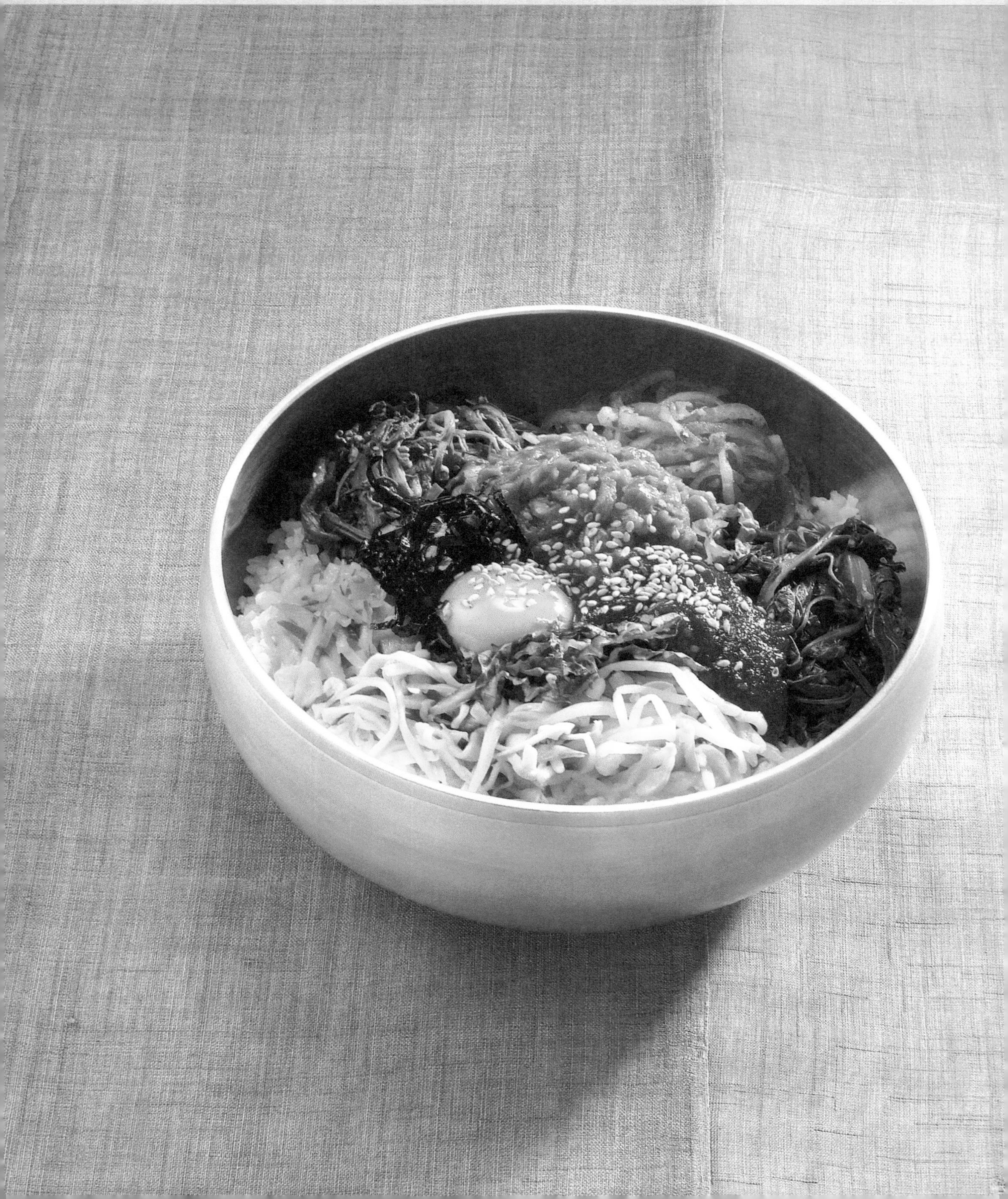

ユクフェ・ビビンパプ
（ユッケビビンバ）

材料

ご飯 840g、牛肉 200g、大豆もやし　100g、ほうれん草 100g、ズッキーニ 100g、しいたけ 100g、せん切り大根　100g、サンチュ 5g、ワラビ　100ｇ、卵　200g、ちぎったのり　5g、コチュジャン　大さじ4、唐辛子粉　大さじ1、ねぎのみじん切り　大さじ6、にんにくのみじん切り 大さじ3、塩　大さじ1、薄口しょうゆ・ごま油・ごま塩　少々

作り方

1 牛肉は筋に対して直角に切り、さらに細めのせん切りをしてごま油、ごま塩で和える。

2 大豆もやしは洗ってさっと塩茹でし、ねぎのみじん切り、にんにくのみじん切り、塩、
　ごま油で和える。

3 ほうれん草はさっと茹で冷水にさらし、絞っておく。ねぎのみじん切り、にんにくのみじん切り、
　薄口しょうゆ、ごま油で和える。

4 ワラビは水にふやかしてさっと茹で、にんにくのみじん切り、薄口しょうゆ、ごま油、
　ごま塩を入れて炒める。

5 ズッキーニはせん切りにし(5 x 0.2 x 0.2cm)、しいたけは手でちぎって塩、ごま油で炒める。
　サンチュは 0.2cmくらいの幅に切る。

6 せん切り大根は唐辛子粉、にんにくのみじん切り、塩、ごま油、ごま塩で和える。

7 器にご飯を盛り付け、ずべての材料を彩りよくトッピングする。真ん中に生卵の黄身、
　ちぎったのり、コチュジャン、ごま塩をのせる。

ナジュ・コムタン
（羅州式牛骨煮込みスープ）

材料

牛骨　適量、牛肉(膝肉または胸肉) 150g、大根 200g、たまねぎ　50g、長ねぎ 35g、にんにく 15g、卵 50g、にんにくのみじん切り・唐辛子粉・塩・ごま油・いりごま・水　適量

作り方

1 牛骨は水を入れてじっくりと煮る。汁を別の容器にとっておく。

2 1の牛骨に再び水を入れ、汁が乳白色になるまで2〜3回繰り返して煮込む。
　 1と2の汁を合わせてスープの汁として使う。

3 1と2の合わせ汁に牛肉、大根、たまねぎ、長ねぎ(1/2本)、にんにくを入れて煮込む。

4 牛肉が柔らかくなったら取り出し、薄切りにしておく。
　 残りの長ねぎを0.5cmくらいの小口切りにする。

5 3の汁が濃くなったら、ガーゼにかけてつゆと具に分ける。

6 卵は白身と黄身に分け、錦糸卵を作って切る。(5×0.2×0.2cm)

7 5のつゆを器にもりつけ、薄切りの牛肉を入れる。長ねぎの小口切り、錦糸卵、
　 にんにくのみじん切り、唐辛子粉、ごま油、いりごまをトッピングする。最後に塩で味を調える。

豆知識

ナジュ・コムタンは牛骨で汁をとるため、味に深みがある。ソロンタンやジャンクッパと似てるようだが、牛内臓などは入れない。牛骨をじっくりと煮込むと、汁の色が乳白色になるが、さらに肉を入れて煮込むと澄んだ透明な色に変わり、味に深みが出てくる。

チュクスンタン
(竹の子汁)

材料

竹の子 400g、鶏肉（若鶏丸一羽）　800g、もち米 大さじ2、にんにく 20g、米とぎ汁 600mL、
水 2.4L、塩 小さじ1、こしょう　少々

作り方

1 竹の子は米とぎ汁で柔らかくなるまで茹で、ぬるま湯につけて苦味を取る。

2 もち米は洗い、水につけておく。

3 丸ごと若鶏はお腹にふやかしたもち米とにんにくを詰め、入り口を木綿の糸などできちんと留める。
　（破れたら具材が出てしまうのでしっかりと留めておく）

4 鍋に3の鶏と竹の子を一緒に入れ、材料がかぶるくらいまで水を注いで煮込む。

5 鶏肉が柔らかくなるまで煮込み、鶏と竹の子を取り出し汁と分けておく。
　汁には塩とこしょうを入れ、味を調える。

6 鶏肉と竹の子を食べやすく裂け、器に盛り付けて汁を注ぐ。

ナクチ・ヨンポタン
（テナガダコのスープ）

材料

生テナガダコ 1kg、セリ 30g、青唐辛子 30g、赤唐辛子 30g、長ねぎ 10g、水　1.6L、にんにくの
みじん切り　大さじ1、塩　適量、ごま油・いりごま　少々

作り方

1 生テナガダコは塩水につけて手で扱くようにして洗う。
2 セリは汚れ物を落として5cmくらいの長さに切る。長ねぎは0.3cmくらいの幅に斜め切りにする。
3 青唐辛子と赤唐辛子は種をとり、みじん切りにする。
4 鍋に水を入れてダコ、セリ、長ねぎ、みじん切りした青・赤唐辛子、にんにくのみじん切りを入れ
　て汁の色が赤くなるまで煮る。
5 塩で味を整えてごま油といりごまを加える。

ヒント
テナガダコの代わりにイイダコを使ってもいい。

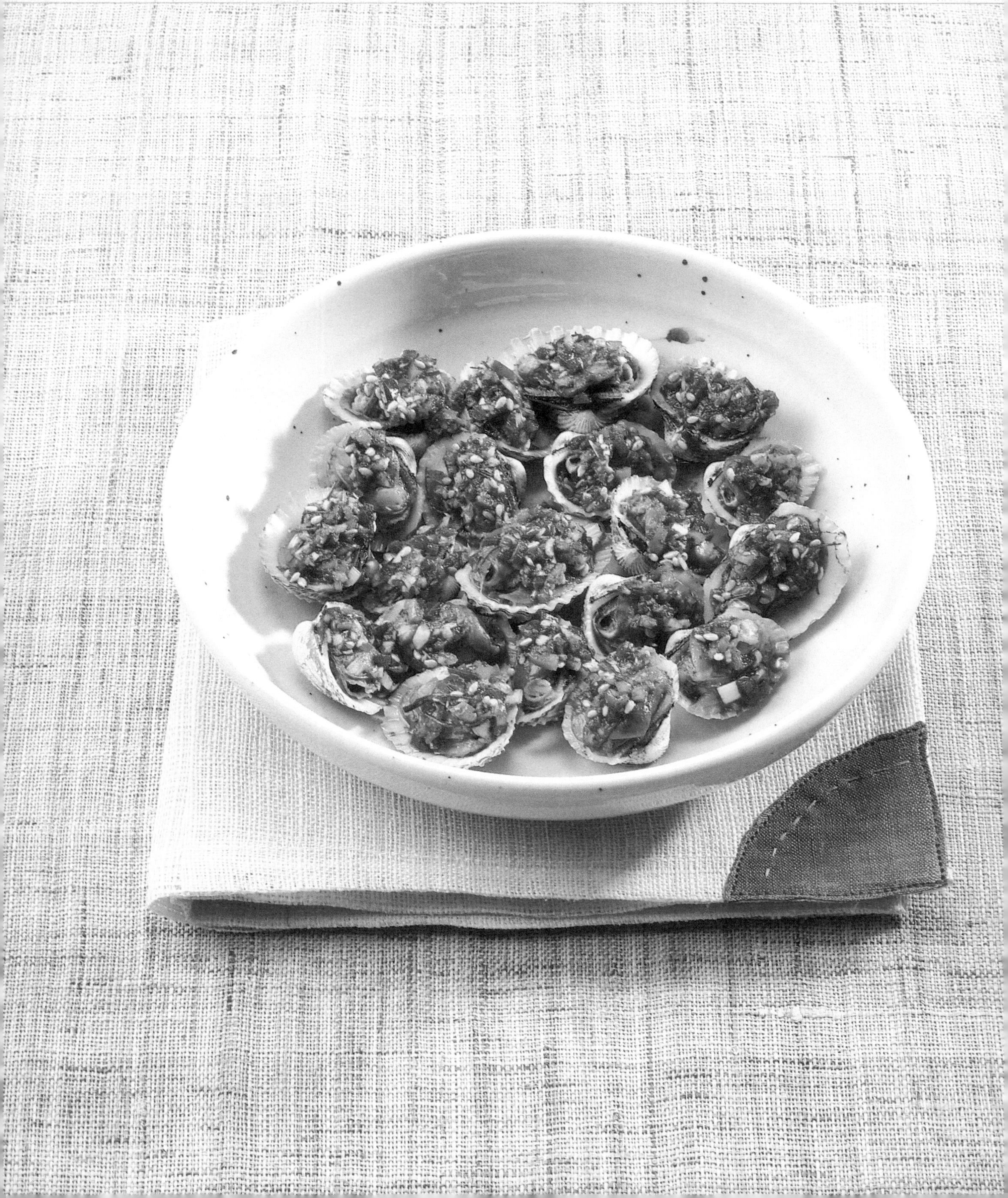

コマク・ムチム
（赤貝和え）*

材料

赤貝 400g、水　適量、塩　少々

ヤンニョム しょうゆ　大さじ2、唐辛子粉　大さじ1、ねぎのみじん切り　大さじ2、にんにくのみじん切り 大さじ1、しょうがのみじん切り 大さじ1/2、砂糖 小さじ1、 ごま油、いりごま、糸唐辛子　少

作り方

1 赤貝はこすり合わせながらよく洗い、塩水に2時間くらいつけて砂抜きをする。

2 「ヤンニョム」の材料を混ぜ、ヤンニョムジャンを作る。

3 赤貝を沸騰する熱湯に入れ、弱火にしてかき回す。殻が開く前にすくい出し、ざるにおいておく。

4 赤貝の殻を片方だけとり除き、お皿に赤貝の身が上向きになるよう盛り付ける。

5 赤貝の身の上にヤンニョムジャンを丁寧につける。

---

* 韓国では人気のある料理。

バジラク・フェムチム
（アサリ和え）

材料

アサリ（身だけ使う）300g、ズッキーニ 400g、きゅうり 145g、セリ 80g、にんじん 50g、万能ねぎ 30g

酢コチュジャンのヤンニョム コチュジャン 大さじ3、酢 大さじ3、唐辛子粉 大さじ2、砂糖 大さじ2、にんにくのみじん切り 大さじ1、いりごま 大さじ1、塩 小さじ1、

作り方

1 アサリの身は熱湯に入れて茹でる。
2 ズッキーニとにんじんは太目のせん切りにし(5 x 0.3 x 0.3cm)、きゅうりは皮をむき、
　0.3cm幅の斜め切りにする。
3 セリは5cmくらいの長さに切り、熱湯でさっと茹でる。
4 万能ねぎは2cmくらいの長さに切る。根の方は薄く切る。
5 「酢コチュジャンのヤンニョム」の材料を混ぜ合わせてヤンニョムを作る。
　ヤンニョムにズッキーニ、きゅうり、にんじん、セリ、万能ねぎ、アサリの身を入れて和える。

豆知識

シジミを使う時も同じヤンニョムで和える。季節により野菜は
ズッキーニだけを使う場合もある。

のり・ブガク
（のりの揚げ物）

材料

のり 200g、もち米粉 500g、煮干だし(煮干、こんぶ、しいたけ、水) 1.6L、いりごま 90g、サラダ油 3カップ、塩・しょうゆ 適量

作り方

1 のりはきれいに手入れをしておく。

2 「煮干だしの材料」でだしをとる。とっただし汁にもち米粉を溶かせ、塩としょうゆで味つけをする。
　弱火で煮ながら、木製ヘラで回す。透明な色がつき、トロトロにのり状になったらボールにとり出す。

3 まな板にのりを1枚ひき、2のもち米粉入りだしを塗り、さらにその上にのり1枚を重ね、
　再びもち米粉入りだしを塗る。そしていりごまをふり、平らな状態で日光で干す。

4 乾いたらいりごまを振った部分が真ん中に来るように切り、密封容器などに保管する。
　必要な時に取り出して揚げる。揚げる時は、油の温度を低めにしてさっと揚げる。

豆知識

いりごまを振ったのりは、風のなく日差しの強いところでからっと乾かしたらいい。

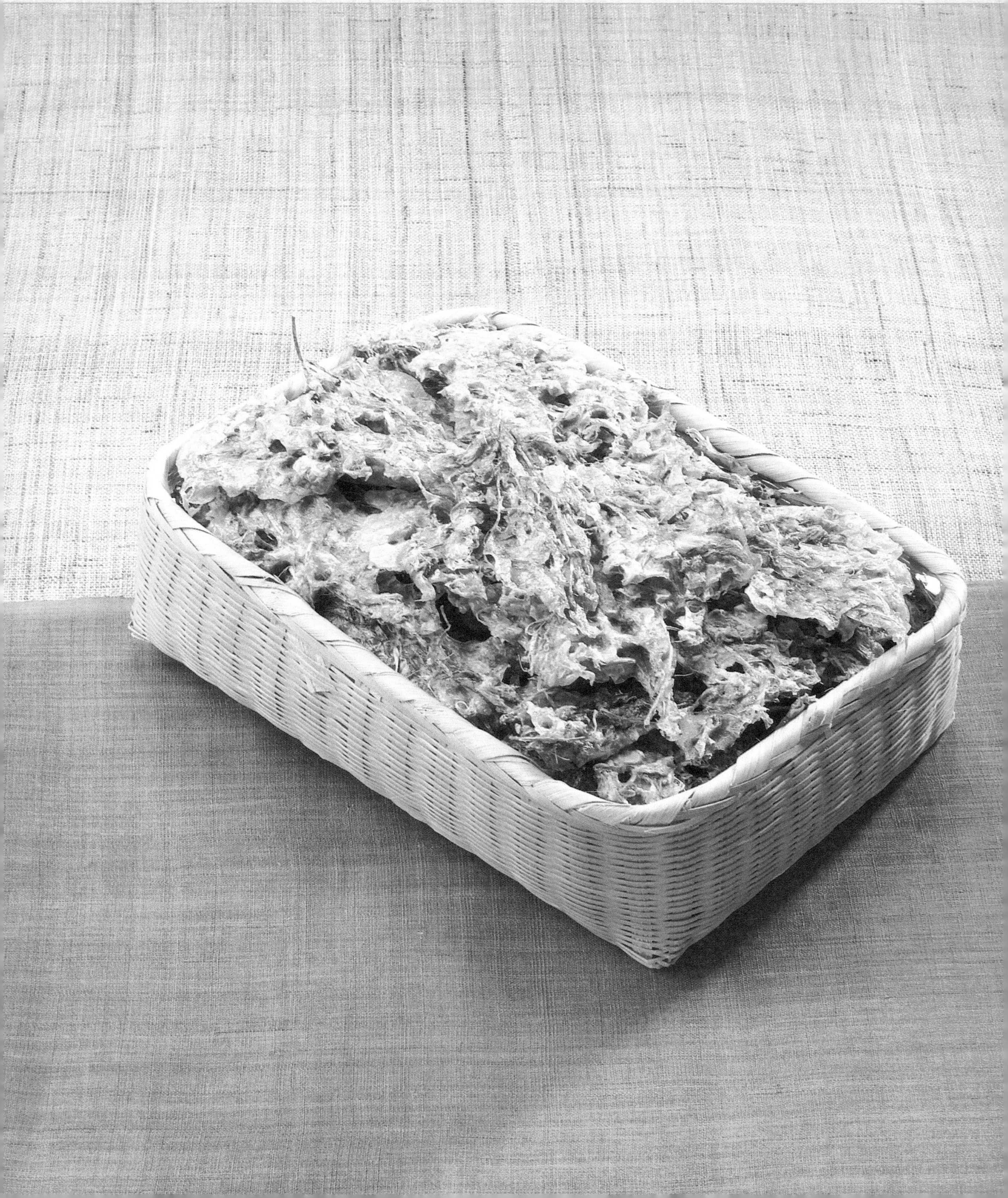

アカシア・ブガク
（アカシアの揚げ物）*

材料

アカシアの花 300g、もち米粉（のり状にしたもの）1カップ、サラダ油 適量

作り方

1 アカシアの花は洗ってざるにあげ、水気をきる。
2 もち米粉を溶いてのり状に作り、アカシアの花の前と裏面に満遍なく塗り、日陰で干す。
　干したものに再びもち米粉のりを塗り、今度は日ざしで干す。
3 食べる時は、油の温度を低めにして揚げる。

---

* 香りがよく甘みがあり、デザートとして人気だ。

ケンニプ・ブガク
（えごまの葉揚げ）

材料

えごまの葉・小麦粉・水飴・ねぎのみじん切り・にんにくのみじん切り・しょうがのみじん切り・塩
・ごま油・サラダ油　適量

作り方

1 中ほどの大きさのえごまの葉を選んでよく洗う。塩水に10分くらいつけてから水にさらし、
　ざるにあげる。

2 水に小麦粉を溶き、えごまの葉の両面につけて30分くらい蒸す。

3 蒸したえごまの葉を日干しにし、サラダ油で揚げる。

4 水飴、ねぎのみじん切り、にんにくのみじん切り、しょうがのみじん切り、塩、ごま油、
　水を混ぜ合わせてつゆを作る。

5 げたえごまの葉を4につけて冷ます。

メシルコチュジャンアチ
（梅と唐辛子の漬物）

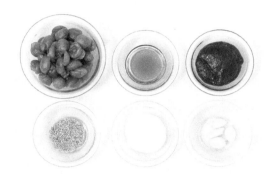

材料

青梅 400g、塩　大さじ2、いりごま　大さじ2、ごま油　適量
ヤンニョム：コチュジャン 1/3カップ、砂糖　大さじ4、にんにくのみじん切り　大さじ1

作り方

1 完熟した青梅はきれいなものを選び、よく洗って水気を切る。

2 青梅を6等分に切り目を入れて種を取り除く。

3 2の梅に塩を振り、和えてから一日漬けておく。漬けておいた梅をざるなどに上げて水気を切る。

4 コチュジャン、砂糖、にんにくのみじん切りを混ぜて「ヤンニョム」を作り、3の梅と和える。
　つぼに押すようにして詰める。10日くらいおいて置く。

5 10日が過ぎて食べ頃になったら取り出していりごまとごま油を加えて和える。

ヒント

日本では梅は人気食品。手軽に漬けて食べることができる。

モヤックァ
（モ薬菓）

材料

小麦粉 1kg、 しょうが 20g、酒 1カップ、サラダ油 1/2カップ、ごま油 1/2カップ、桂皮粉 大さじ2、塩 大さじ1、松の実　適量

シロップ 水飴 2カップ、砂糖 大さじ2、水 200mL

作り方

1 小麦粉、桂皮粉、塩、ごま油を手で混ぜ、ふるいにかける。

2 しょうがをすりおろし、ガーゼで絞り、汁を酒と混ぜる。

3 1と2を混ぜ合わせ、少々硬めにこねる。

4 3を0.5cmくらいの厚さにのばし縦・横3cmの四角に切り、真ん中に穴を開けるか、
　角に切り目を入れて熱がよく通るようにする。

5 サラダ油の温度150℃で10⊠、100℃で15分、150℃で5分の順に揚げる。

6 水飴、砂糖、水を混ぜて煮たらシロップだできる。揚げたヤッカァにシロップをつけて盛り付ける。

7 松の実で真ん中を飾る。

---

* 小麦粉にはちみつやごま油などを混ぜ合わせて揚げた韓国伝統のお菓子

センガン・チョングァ
（しょうが正果）

材料

しょうが 100g、水飴 2カップ、砂糖 大さじ3、塩 小さじ1/2

作り方

1 しょうがは大きめのものを選び、皮をむいて薄切りにする。

2 沸騰する熱湯にしょうがを塩茹でし、冷水にさらしてざるにあげておく。

3 鍋に水飴、砂糖、水を入れて強火で一煮立ちさせる。弱火にしてしょうがを入れ、ふたを開けたまま煮ながらアクを取る。

4 水分が少なくなるまで煮込み、ざるなどに上げてくっつかない様に離しておく。冷めたら盛り付ける。

豆知識

正果は煎果とも言い、水分の少ない野菜の根や果物、茎、実などをはちみつまたは砂糖で煮込み、甘く歯ごたえのあるように作るお菓子の一種である。食材としてはレンコン、キキョウ、しょうが、朝鮮人参、カリンの実、ゆず、りんごなどがよく使われる。食材を煮込んでから干したものは「ピョンガン」と言い、伝統乾菓子の代表格である。

[慶尚北道]

慶尚北道は韓国の中でも大変保守的な地方色を持っている地域である。それを反映するかのように伝統食が根付いて現在の郷土料理として発展した。安東文化圏は儒教文化の中の儀礼食、慶州は新羅の仏教文化の中心地として宮中料理が発達した地域である。

洛東江の周りの広く肥沃な内陸平野では、稲を始めとして季節ごとに様々な野菜がとれ、肉の供給も円滑だった。また全国で一番海岸線の長い東海からとれる魚や貝類を使った海鮮食や塩辛なども発達していた。山間地域ではじゃがいも、さつま芋、そば、どんぐりを利用した料理が多い。

食べ物の味は辛くてしょっぱい方である。飾りなどはあまり使わずシンプルなのが特徴。

テゲ・ビビンパプ
（ズワイガニビビンバ）

材料

ご飯 840g、ズワイガニ　2匹、きゅうり　150g、ズッキーニ 120g、にんじん　120g、キキョウの根80g、卵　50g、のり　2g、塩　大さじ1、サラダ油　小さじ1、ごま油 大さじ1/2、にんにくのすりおろし　大さじ1、ごま塩　大さじ1、砂糖　少々

作り方

1 ズワイガニは洗い、甲羅を下向けにして10分ほど蒸す。

2 ズッキーニときゅうりは皮をむき、5cmくらいの長さでせん切りをして塩をふっておく。
　水気をとり、フライパンでさっと炒める。

3 にんじんはせん切り(5×0.2×0.2cm)をし、熱湯で塩茹でて水気を切り、
　ごま油で和えてフライパンで炒める。

4 キキョウの根は5cmくらいの長さで切り、細めにちぎる。
　塩を入れてもんでから熱湯で塩茹をする。砂糖、にんにくのすりおろし、ごま塩、ごま油を入れ、
　和えてからフライパンで炒める。

5 卵は白身と黄身にわけ錦糸卵を作り、せん切りをする。(5×0.2×0.2cm)

6 のりは火であぶり、小さくちぎっておく。

7 蒸したズワイガニの甲羅をとり、内臓を取り出し、身をとっておく。

8 器にご飯を入れ、2,3,4のナムルとガニの身をきれいにもり、のりと錦糸卵をトッピングする

ジョパプ
（あわご飯）

材料

米 270g、もちあわ　75g、水 470mL

作り方

1 米は洗って30分ほど水につけておく。

2 もちあわは洗って水につけてふやかしてから水気を切る。

3 釜に米を入れて普通に炊く。途中で沸騰したらもちあわを入れて炊く。

4 炊き上がったら蒸らして器に盛る。

豆知識

米とあわを始めから一緒に炊いてもいい。小豆や豆、キビな
どを入れてもおいしい。

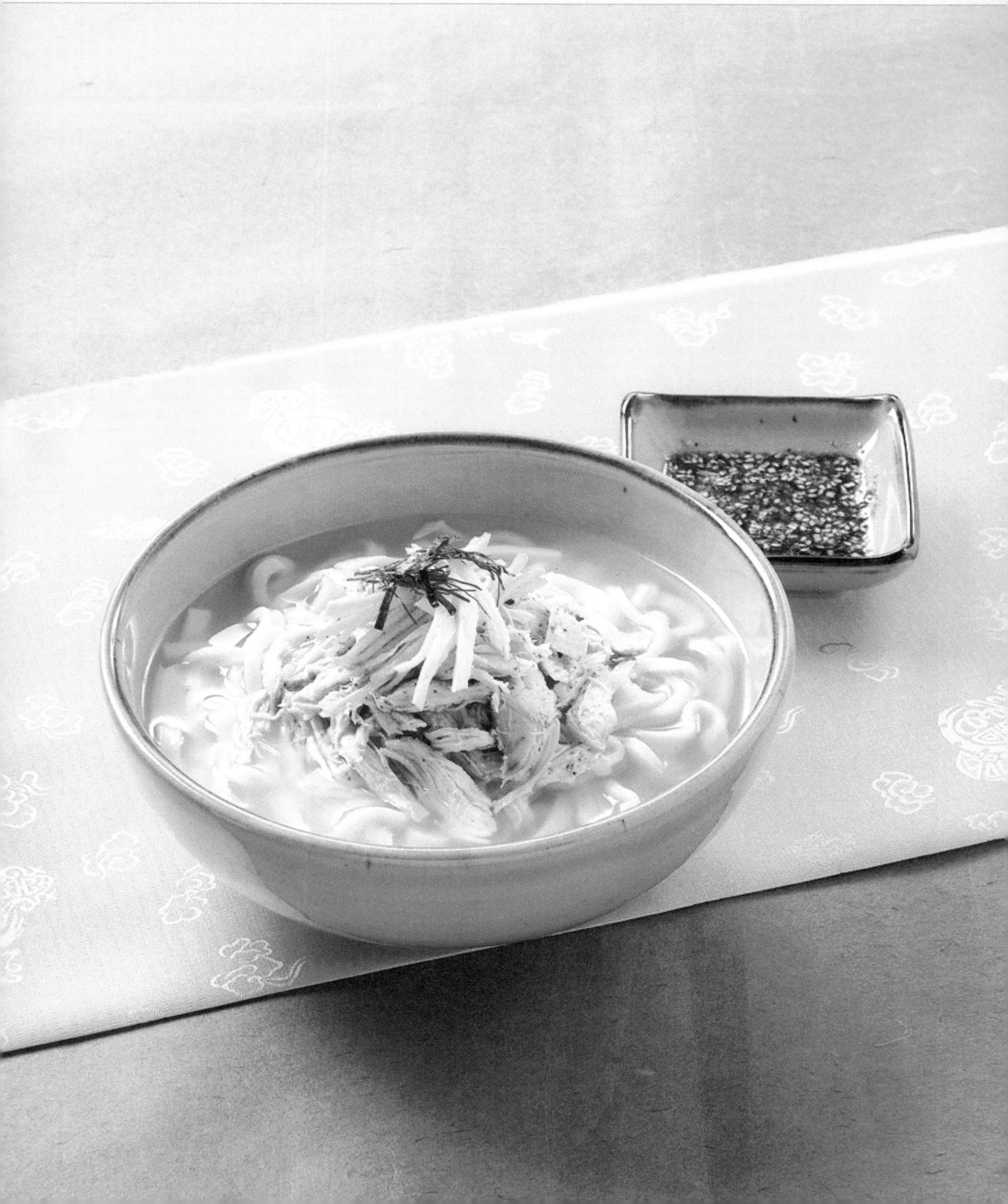

コンジン・ククス
（安東手打ち麺）

材料

鶏肉 1.3kg、卵 50g、のり 4g、長ねぎ 35g、にんにく 25g、小麦粉・糸唐辛子　少々、水 3L、塩 小さじ 2、サラダ油　適量

生地の材料 小麦粉 330g、生の豆粉　120g、塩　小さじ 2、水 200mL

鶏肉のヤンニョム ねぎのみじん切り　大さじ1、にんにくのみじん切り　小さじ1、ごま油　大さ 1/2、ごま塩　小さじ2、塩・こしょう　少々

ヤンニョムジャンの材料 しょうゆ　大さじ3、唐辛子粉　大さじ1、ねぎのみじん切り　大さじ1、にんにくのみじん切り　小さじ1、ごま油 小さじ1、ごま塩　小さじ1

作り方

1 鍋に鶏肉、にんにく、長ねぎを入れて水を注ぎ、茹でる。 生地の材料を混ぜてこねる。

2 生地を棒で薄くのばし、小麦粉を全体的にまぶす。縦幅3cmになるようにして折り、 端から薄切りにする。まぶした小麦粉をとりはらう。

3 卵は白身と黄身に分けて錦糸卵を作り、薄切りにする。(5×0.2×0.2cm) のりは一枚ごと火であぶり5cmくらいの長さに切る。糸唐辛子は2〜3cmくらいの長さに切る。

4 1の鶏肉が柔らかくなったらガーゼをひき、肉汁をとり、塩（小さじ1）で味つけをする。 鶏肉の身は適当な大きさにちぎり、「鶏肉のヤンニョム」で和える。

5 2の麺を沸騰する熱湯に入れる。麺とともに塩（小さじ1）を入れ、茹でる。吹きごぼれそうになったら差し水をし、この過程を3度繰り返す。茹で終わったらすくいとり、ざるなどで冷水にさらし、 気を切る。

6 器に麺をもりつけ、肉汁を注ぐ。麺の上に鶏肉の身、白黄の錦糸卵、糸唐辛子、 のりをトッピングする。食卓に出す時はヤンニョムジャンを添える。

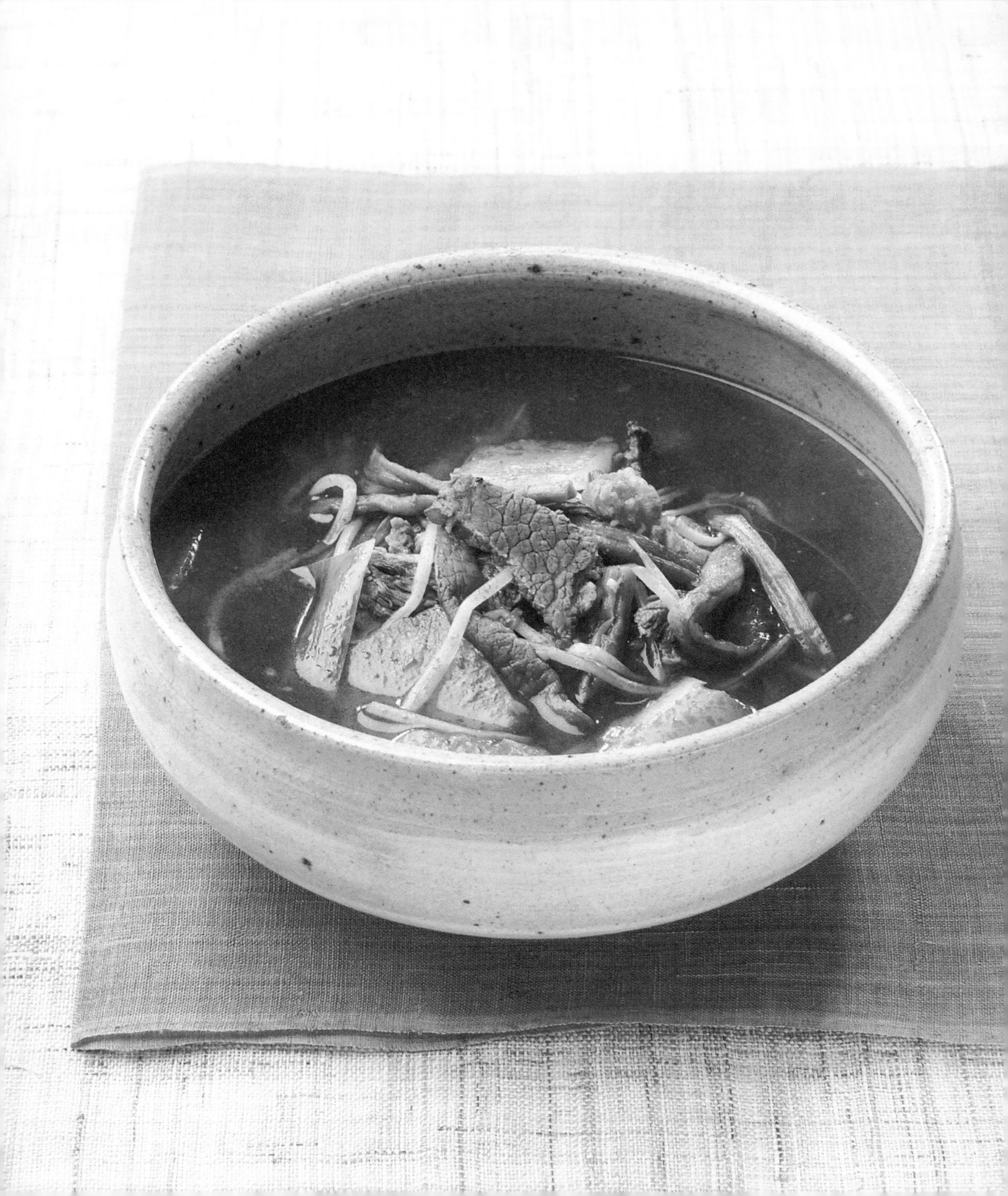

テグ・ユッケジャン
(大邱式ユッケジャン)*

材料

牛肉(胸肉) 600g、大根 200g、もやし 300g、ずいき 200g、長ねぎ　70g、水　3L、唐辛子粉（荒め）小さじ2、ごま油　小さじ1、塩 小さじ1
ヤンニョム 薄口しょうゆ 小さじ2、ねぎのみじん切り　大さじ1、にんにくのすりおろし　大さじ1、ごま塩　小さじ1、こしょう　少々

作り方

1 鍋に水を入れて大きめに切った大根と牛肉を入れ、弱火でじっくりと煮る。

2 もやしは洗って熱湯で茹で、冷水にさらし、水気をよく切る。

3 ずいきは茹で、水にさらして10cmくらいの長さに切る。

4 1のやわらかくなった牛肉と大根を取り出し、牛肉は繊維の方向で切り、
　大根は薄めの四角の形に切る。(2×2×0.5cm)　切った牛肉と大根を「ヤンニョム」で和える。

5 肉汁に茹でずいきと大きめに切ったねぎを入れて、一煮立ちさせ、もやし、
　ヤンニョムした牛肉と大根を入れてさらに煮る。

6 ごま油に唐辛子粉を混ぜあわせ、5の肉汁を少しだけ入れてスープに入れる。塩で味をつける。

豆知識

テグユッケジャンは、1950年の朝鮮戦争後避難民により全国に知れ渡った。

* 肉の入ったシチューのようなスープ

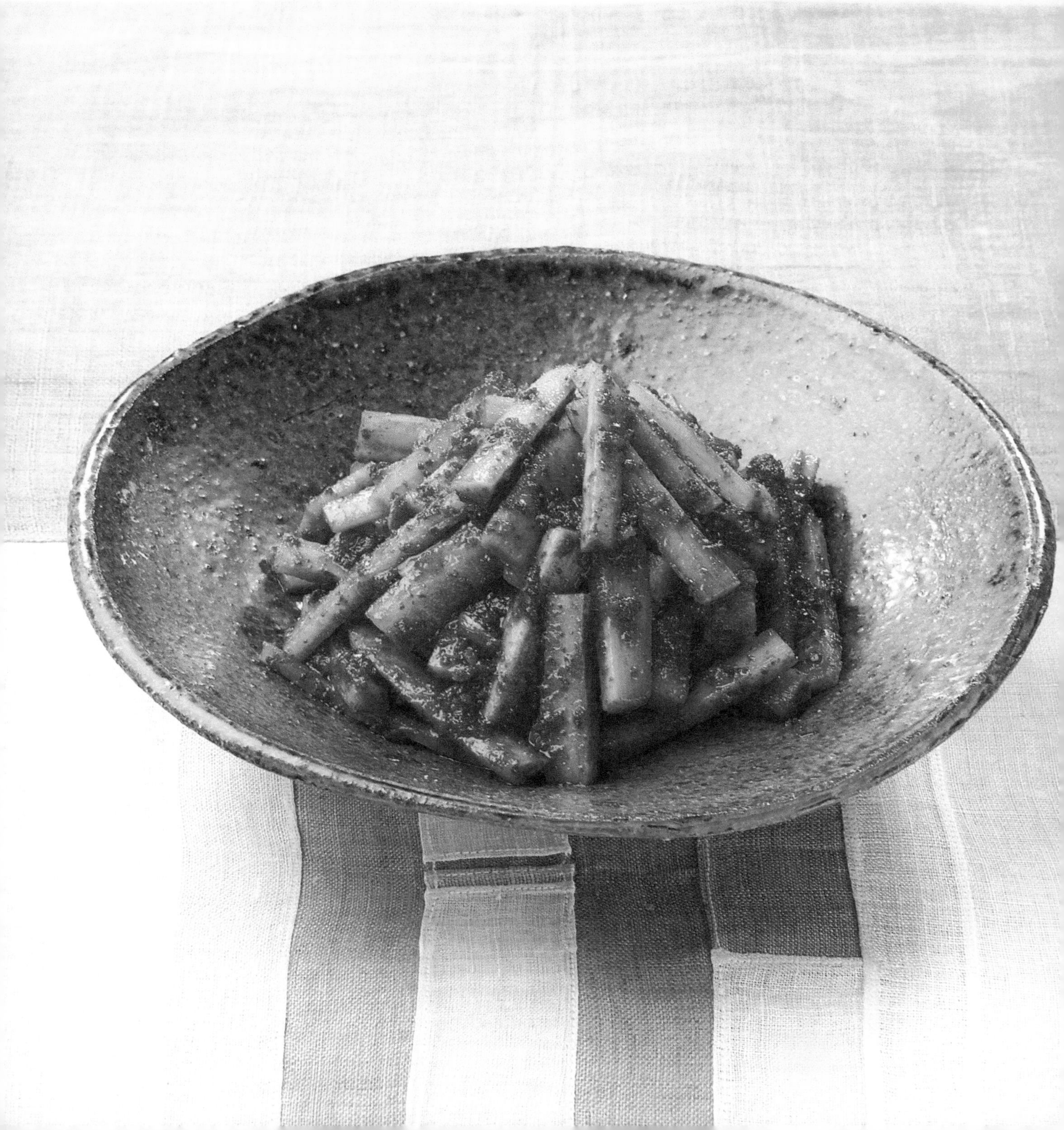

ウオン・キムチ
（ごぼうのキムチ）

材料

ごぼう 500g、酢　大さじ1
キムチのヤンニョム　唐辛子粉 1/2カップ、煮干の塩辛汁　1/2カップ、水飴　1/2カップ、にんにくのみじん切り　大さじ2

作り方

1　ごぼうは皮をむき、5cmくらいの長さに切ってさらに半分に切る。
　　半分に切ったごぼうを横にして3等分して水につけて置く。
2　沸騰する熱湯に酢を入れ、1のごぼうをさっと茹でて冷水にさらし、水気を切る。
3　2を「キムチのヤンニョム」で和えて、つぼに入れ熟成させる。

豆知識

ごぼうはあらかじめ塩漬けにした物を使ってもいい。

ヒント

ごぼうは日本でも手に入れやすい食材である。

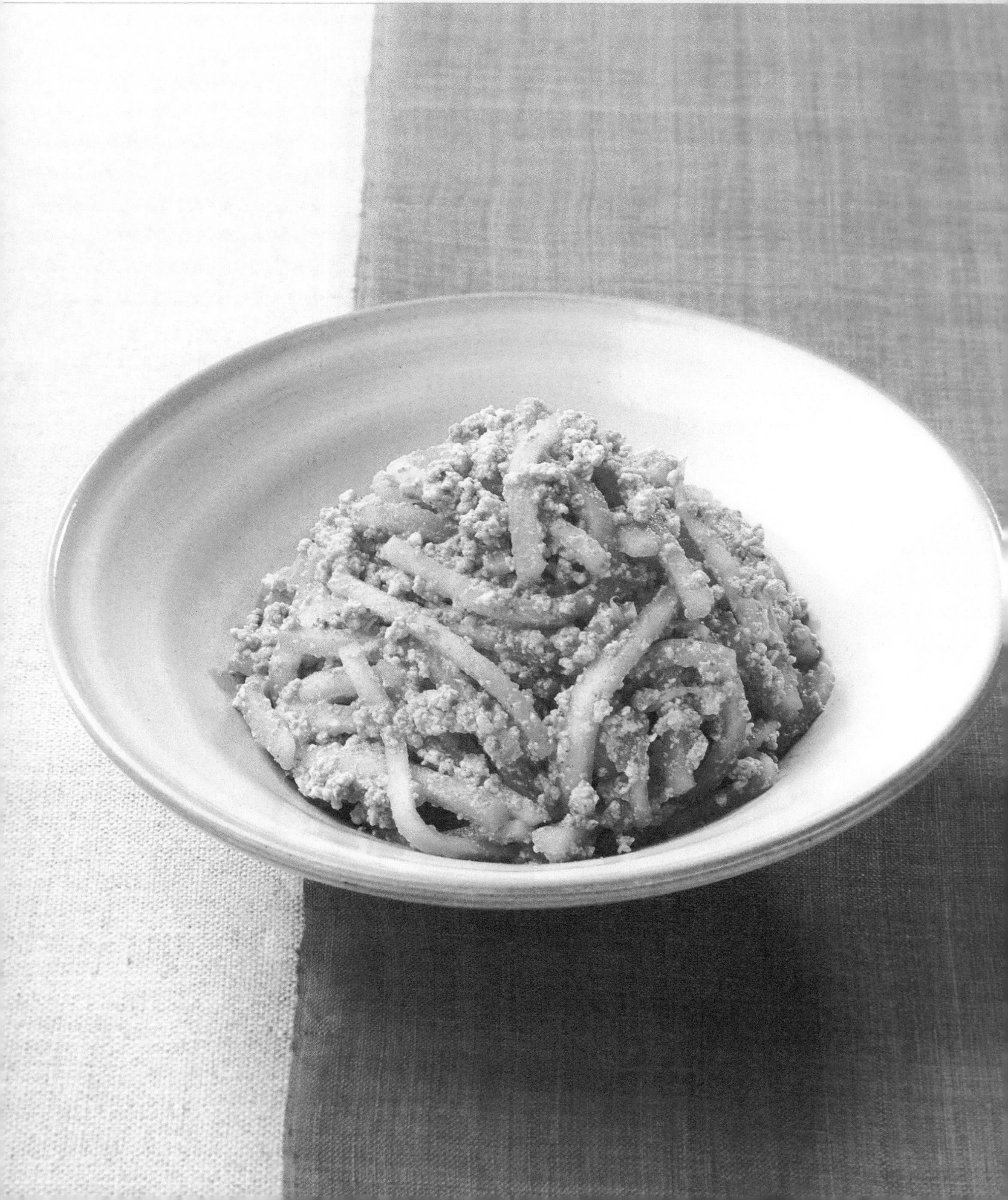

デゥブ・センチェ
（豆腐と生野菜の和え）

材料

大根 500g、豆腐 120g、塩　小さじ1
ヤンニョム 唐辛子（細かめ）小さじ2、塩 小さじ1、ごま油　大さじ1、ごま塩　大さじ1

作り方

1 大根はせん切り(5×0.2×0.2cm)をし、塩でつけてから水気を切る。
2 豆腐は包丁でたたいてつぶし、ガーゼに包んでよく水気をきる。
3 1と2を合わせて唐辛子粉、塩、ごま塩、ごま油を入れて和える。

カザミ・チョリム
（カレイの煮つけ）

材料

干しカレイ 200g、いりごま　少々
ヤンニョムジャン 干し唐辛子　2個、しょうゆ　大さじ4、コチュジャン大さじ1、唐辛子粉　大さじ2、水飴1/2カップ、砂糖　大さじ1、水　200mL、にんにくのすりおろし　小さじ1、サラダ油　適量

作り方

1 干し唐辛子は1cmくらいの長さで切る。
2 ヤンニョムジャンの材料を混ぜ合わせ、一煮立ちさせる。
3 干しカレイは食べやすい大きさに切り、サラダ油でかりっと揚げておく。
4 揚げたカレイにヤンニョムジャンを入れて和えてからいりごまをふる。

ジャバン・コデゥンオ・チム
(塩さば蒸)

材料

塩さば 400g、青唐辛子　30g、長ねぎ 35g、黒ごま、糸唐辛子　少々、米とぎ汁 1L

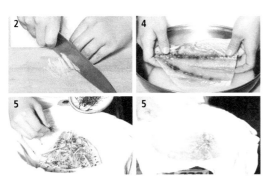

作り方

1 青唐辛子は半分を切り、種をとる。細かめにせん切りをする。(3×0.1×0.1cm)

2 長ねぎは白いところだけせん切りをする。(3×0.1×0.1cm)

3 糸唐辛子は2〜3cm長さにきる。

4 塩さばはしっぽと骨をとり、米とぎ汁につけておき、塩気をとる。

5 蒸し器にガーゼをひき、塩さばをいれる。さばの上に青唐辛子、長ねぎ、糸唐辛子、
　黒ごまをきれいな形でトッピングし、10分ほど蒸す。

豆知識

昔、交通が発達してなかった時、海から遠かった安東地方では
魚の腐敗を防ぐためにさばを荒めの塩につけたのが、後日安東
地方の名産物となった。塩さばは蒸してサンチュ、昆布などで
つつんでサムジャンをのせて食べるとよりおいしい。

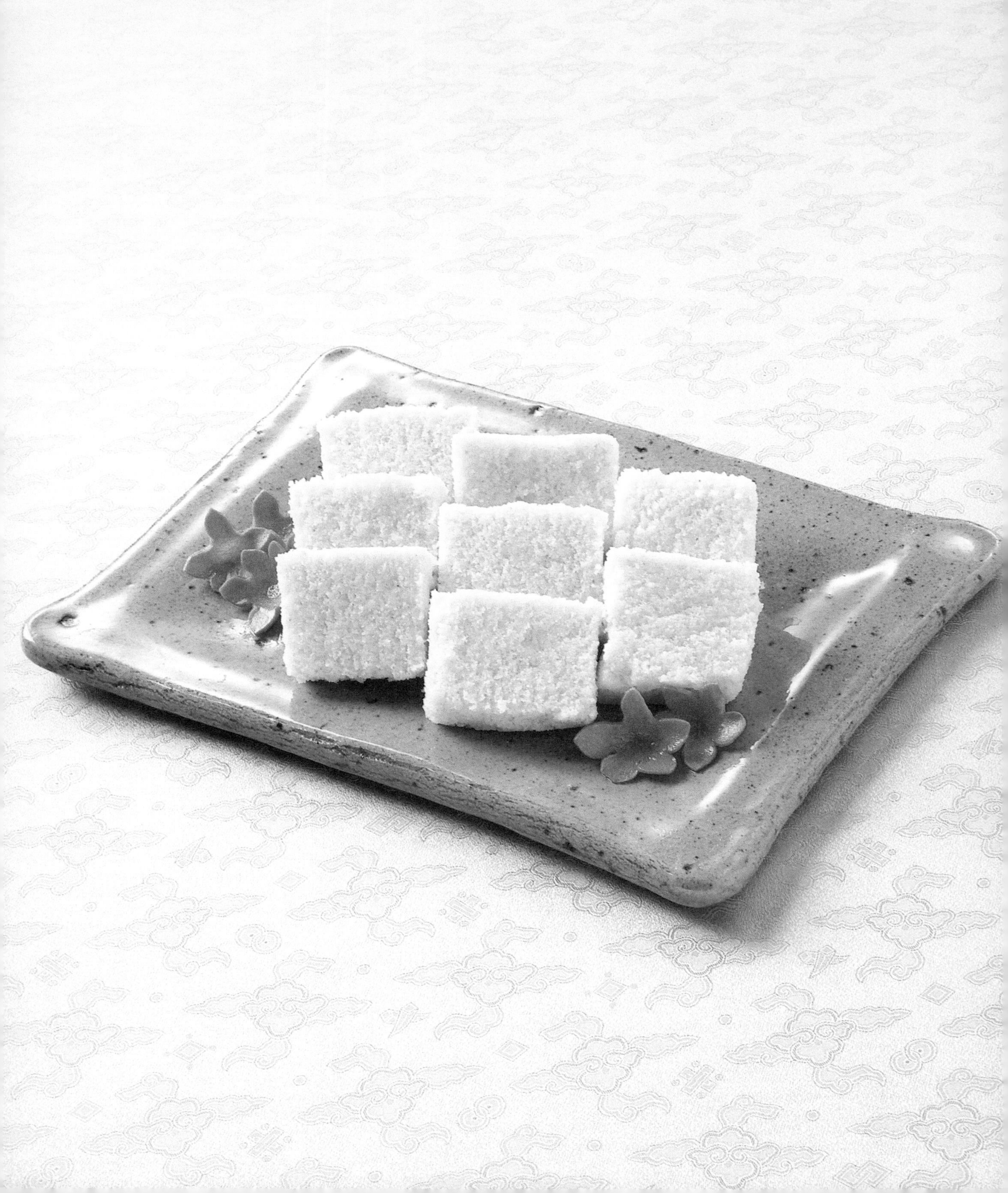

ホンシ・トック
(塾柿もち)

材料

うる米粉 1kg、塾柿　3個、にんじん 75g、砂糖 150g、水飴 75g、塩　大さじ1、水　100mL

作り方

1　塾柿はへたをとり切り目を入れ、皮をむく。水を入れて茹で、1/2カップの汁を作り、ふるいで汁だけをとる。

2　にんじんを花の形に切り、水飴に1時間ほどつけておく。

3　うる米粉、塩、塾柿汁を混ぜてふるいにかけ、砂糖を入れてまぜる。

4　蒸し器にガーゼをひき3を入れる。

5　湯気が逃げないように密封して蒸す。湯気が立った後、15分ほど蒸し続ける。

6　食べやすい大きさに切り、皿に盛り付けにんじんを飾る。

ソプサンサム
（ツルニンジンの揚げ物）

材料

ツルニンジン　200g、もち米粉 50g、　水 200mL、はちみつ　大さじ2、塩　小さじ1、サラダ油
適量

作り方

1 ツルニンジンは皮をむき、棒でたたく。塩水につけてから水気をとる。

2 ツルニンジンにもち米粉をまんべんなくつける。

3 鍋にサラダ油を注ぎ、160℃で2を揚げる。

4 食べる時は、はちみつにつけて食べるとおいしい。

豆知識

揚げたツルニンジンに砂糖をふってもいい。

[慶尚南道]

慶尚南道は新鮮な農・水産物がバランスよくラインアップされているのが特徴である。魚を使った刺身、焼き、蒸し、煮物、スープなど、様々な調理法が発達している。そして塩辛も有名だ。

特に手打ち麺は最高の人気食で、煮干や貝類でだしをとって使う。内陸の平野地方では、春には生野菜、夏にはきゅうり、ズッキーニ、なす、唐辛子、トマトなどを、冬には干し野菜を使った調理法が発達した。

この地方は南であるため気候が暖かい。食の変質を防ぐため塩を大目に使って味つけをするため、全体的にしょっぱい。南海でとれるいわし、小魚類は各種のキムチ作りに使われている。お祝いことがあれば海鮮（ムール貝、サザエ、アワビ、タコなど）でサラダや串焼きを作って食べた。

農業での生産はじゃがいも、さつま芋、カボチャなどが多い。そばでトコロテンをつくったり、どんぐりトコロテンや麦餅などをよく食べていた。特徴は飾ることなくシンプルなことである。

チンジュ・ビビンパプ
（チンジュ式ビビンバ）

材料

米 360g、もやし 130g、大豆もやし 130g、ほうれん草 100g、ズッキーニ 100g、ワラビ 100g、キキョウ 100g、牛肉 200g、黄泡ムク（緑豆で作るトコロテン）100g、のり 10g、大根 100g、松の実 10g、飴入りコチュジャン 大さじ2、薄口しょうゆ 大さじ2、ごま塩 大さじ1/2、ごま油 大さじ1/2、水 470mL

ユッケヤンニョム ごま油 大さじ2、砂糖 大さじ1、にんにくのすりおろし 大さじ1/2、ねぎのみじん切り 大さじ1、ごま塩 小さじ2、塩 少々、こしょう 少々

ボタンスープ：アサリ 130g、薄口しょうゆ 少々、水 100mL

作り方

1 米は洗い、30分ほど水につけてから炊く。

2 牛肉はせん切りし、「ユッケヤンニョム」を入れて和える。

3 もやしはあたまとひげをとって茹でる。大豆もやしはひげをとって茹でる。

4 ほうれん草とワラビは別々に熱湯で茹でる。

5 ズッキーニと大根、キキョウはせん切りにし(5×0.2×0.2cm)、熱湯に茹でる。

6 のりは手で小さくちぎり、黄泡ムクは大き目のせん切りにする。(5×0.5×0.5cm)

7 3, 4, 5, 6に薄口しょうゆ、ごま塩、ごま油を入れてまぜる。

8 あさりは洗って鍋に水を入れ、茹でる。薄口しょうゆで味をつけ、ボタンスープを作る。

9 器にご飯を入れて7種のナムルの色を合わせてトッピング、8のボタンスープを少々ふり、真ん中に 牛肉のユッケをのせる。

10 ユッケの上に松の実を飾り、飴入りコチュジャンとボタンスープを添える。

チュンム・キムパプ
（忠武式のりまき)

材料

米 360g、のり 8g、 コウイカ 200g、大根 150g、水 470mL、塩 少々

コウイカのヤンニョム 唐辛子粉 大さじ2、しょうゆ　大さじ2、にんにくのすりおろし　小さじ1、
ねぎのみじん切り　小さじ1、ごま塩 小さじ1/2、塩 小さじ1/2、砂糖 小さじ1/2、ごま油 小さじ
1、こしょう 少々

大根のヤンニョム アミの塩辛　大さじ1、唐辛子粉　大さじ2と1/2、にんにくのすりおろし
小さじ1、ねぎのみじん切り　小さじ1

作り方

1 米は洗い、30分ほど水につけておいてから炊く。

2 コウイカは皮をむいて熱湯にさっと茹で2×4cmの大きさに切り、ヤンニョムを入れて和える。

3 大根は斜め切りにし、塩をふってつけておいてから水にさらす。水気をきり、
　「コウイカのヤンニョム」を入れて和える。

4 のりは1/6等分にし、ご飯をひいて巻いておき、イカと大根を添えて器に盛り付ける。

豆知識

昔、統營と釜山を行き来した旅客船の中で、女性たちがのり
まきとイカの和え物と大根のキムチを売っていた時期があっ
たが、これがチュンムキムパプの由来である。のりまきとキ
ムチを分けて食べるようにしたのは夏場の変質を防ぐためだ
った。元々和え物にはイイダコを使っていたが、今はイカを
使う。

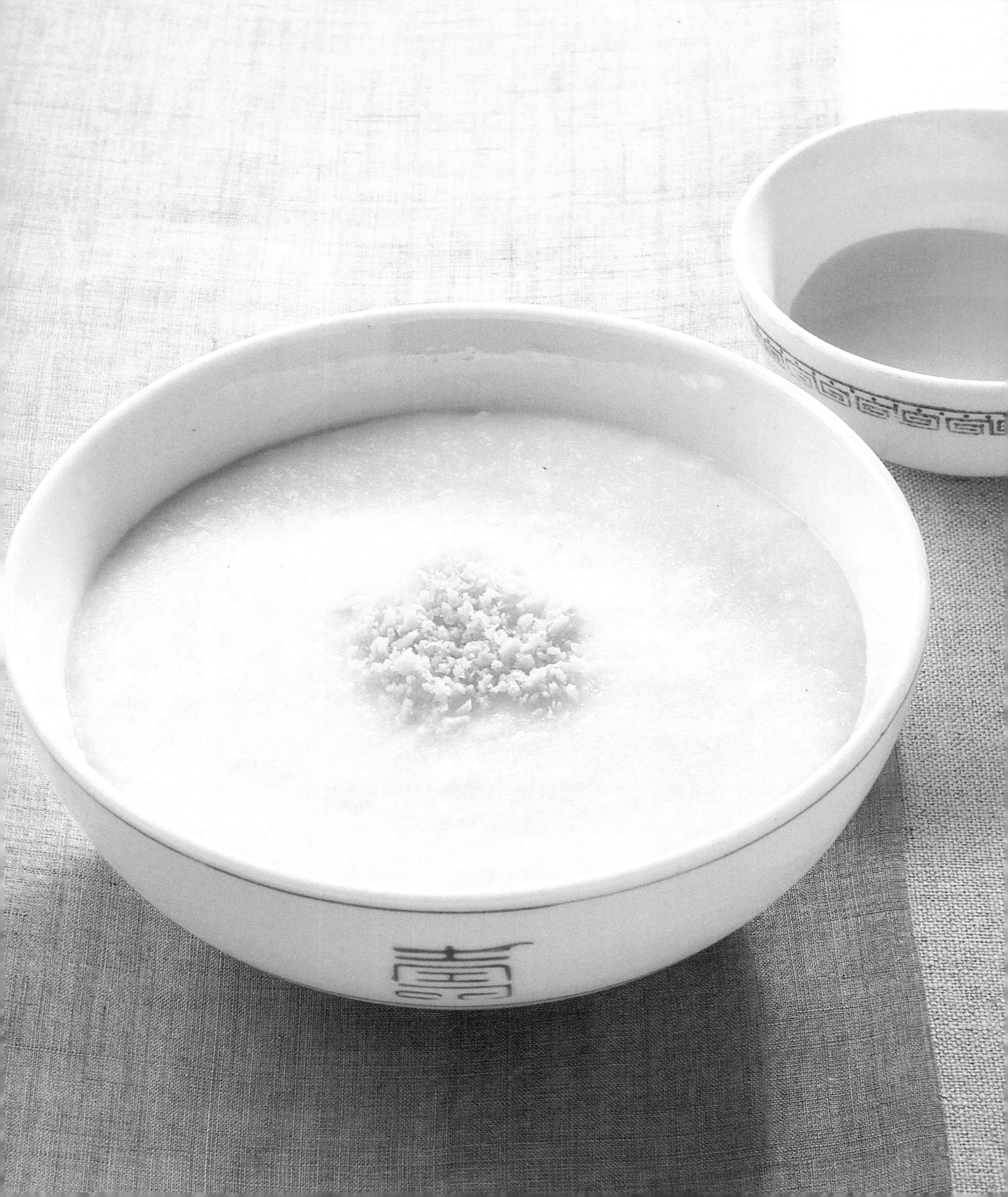

マジュク
（長いも粥）

材料

米 300g、長いも 250g、水　1.6L、塩 小さじ1、はちみつ　少々

作り方

1 米を洗い、しばらく水につけておく。水を入れてミキサーにかけて細かめに砕く。
（米をミキサーにかける時は、水を入れる）

2 長いもは皮をむき、すりおろす。

3 ミキサーにかけた米をじっくりと煮て、2の長いもを入れ、沸騰したら塩で味をつける。

4 はちみつを添える。

豆知識

長いものすりおろしと緑豆のデンプン、ジャガイモのデンプ
ンを混ぜておかゆを作る方法もあり、長いもを茹でてからふ
やかした米をいれる調理法もある。

オタン・ククス
（魚汁入り麺）

材料

淡水魚 600g、麺 400g、ズッキーニ 150g、たまねぎ 100g、青唐辛子 30g、水 3L、椒皮粉　大さじ2、ねぎのみじん切り　大さじ2、にんにくのみじん切り　大さじ1、薄口しょうゆ　大さじ1、唐辛子粉・塩　少々

作り方

1　淡水魚はよく洗い、水を入れた鍋で2〜3時間くらい柔らかくなるまで煮る。
　　ふるいにかけて身はつぶし、骨は取り除く。つぶした身と茹で汁を合わせる。

2　ズッキーニとたまねぎはいちょう切りにする。青唐辛子は0.3cmくらいの斜め切りにする。.

3　1の魚の身と茹で汁のあわせに塩と薄口しょうゆで味をつけ、2の野菜を加えて煮る。
　　一煮立ったら麺を入れてさらに煮る。

4　3が沸騰したら唐辛子粉、ねぎのみじん切り、にんにくのみじん切りを加える。
　　食べる時は椒皮粉（山椒に似ている）を添える。

ヒント

魚の臭みを取る為に上記の薬味の他、シソの葉を入れてもいい。.

チンジュ・ネンミョン
(チンジュ式冷麺)

材料

そばの生麺 600g、大根キムチ 150g、牛肉（または豚肉）150g、卵 50g、梨 120g、糸唐辛子 少々、松の実 少々、サラダ油　適量、海鮮汁 1.2L
肉のヤンニョムジャン しょうゆ 大さじ1/2、ねぎのみじん切り　大さじ2、にんにくのすりおろし 小さじ1、ごま油 少々、砂糖 少々、ごま塩 少々、こしょう 少々
デンプン液 デンプン　小さじ1、水　大さじ1/2
海鮮汁の材料 干しスケトウダラの頭・干しえ・干しムール貝・水　適量

作り方

1　鍋に「海鮮汁の材料」を入れてじっくりと煮る。煮込んでから冷ましておく。
2　「肉のヤンニョムジャン」の材料を混ぜ合わせる。牛肉は薄くのばして「肉のヤンニョムジャン」 　で和えてから卵の溶き汁につけ、フライパンで焼く。焼いてから1cmくらいの長さに切る。
3　大根キムチは水気をきる。梨は皮をむく。大根キムチと梨を 0.5cmくらいの幅にせん切りをする。
4　卵の溶き汁にデンプン液を混ぜ、錦糸卵を作り、細かめにせん切りをする。(5×0.2×0.2cm)
5　糸唐辛子は3〜4cmくらいの長さに切る。
6　そばの生麺は茹でて冷たい流水で洗う。洗った麺を器に盛る。
7　麺の上に肉、大根キムチ、梨、錦糸卵、糸唐辛子、松の実をトッピングし、1の海鮮汁を注ぐ。

豆知識

智異山付近の山間地域にそばの産地があり、この地域ではそば 麺で冷麺を作って食べたていた。北朝鮮では平壌冷麺、韓国で はチンジュ冷麺が有名だ。

チェチョプ・クッ
(シジミ汁)

材料

シジミ 800g、ニラ 20g、水 1.6L、塩 小さじ1と1/2

作り方

1 シジミを塩水(塩小さじ1/2)につけて砂を取ってから洗い、水気をきる。

2 ニラは0.5cmくらいの長さに切る。

3 1に水を注いで煮る。沸騰するとシジミの殻を取り、塩(小さじ1)で味をつけ、さらに煮てニラを加える。

豆知識

シジミは川貝とも言い、唐辛子やテンジャンを入れて、調理する方法もよく使われる。殻のついたまま使ったりもする。

プサン・チャプチェ
（海鮮入りはるさめ炒め）

材料

ミズダコ 1/2匹、ムール貝 110g、アワビ 85g、ハマグリ　50g、たまねぎ　80g、青唐辛子 30g、
韓国はるさめ（タンミョン）50g、サラダ油　小さじ1
タンミョンのヤンニョム しょうゆ　大さじ1、砂糖 小さじ1/2、ごま油 少々
チャプチェのヤンニョム しょうゆ　大さじ1、ごま塩 大さじ1、ごま油 小さじ1、砂糖 小さじ1、こしょう

作り方

1 ミズダコは蒸して斜め切りにしておく。

2 ハマグリ、ムール貝は手入れをして茹でてから斜め切りにする。

3 たまねぎは0.3cmくらいの幅に切る。青唐辛子は半分に切って種をとり除き、せん切りにする。

4 はるさめは水につけ、食べやすく切り、「タンミョンのヤンニョム」で和え、
　油をひいたフライパンで炒める。

5 別のフライパンにごま油をひき、たまねぎと青唐辛子を別々に炒めておく。

6 ヤンニョムしたタンミョンとムール貝、ハマグリ、アワビ、ミズダコ、
　たまねぎと青唐辛子を合わせ、「チャプチェのヤンニョム」を入れてよく和える。

オニャン・プルゴギ
（オニャン式プルゴギ）

材料

牛肉 600g、梨 90g、いりごま 少々

ヤンニョムジャン 薄口しょうゆ　大さじ1と1/2、砂糖 大さじ1と1/2、ねぎのみじん切り　大さじ2、にんにくのすりおろし　大さじ1、はちみつ 大さじ1、水飴　小さじ1、ごま油 大さじ1、こしょう 少々

作り方

1 牛肉は3×5cmくらいの大きさにせん切りをする。

2 梨は種と皮をとり、すりおろす。1を梨に30分ほどつけておく。

3 2に「ヤンニョムジャン」を入れて混ぜ合わせる。

4 韓紙を水につけて熱したアミの上にのせ、その上に3の牛肉を焼く。
　（焼く時は、韓紙に水をかけな　がら焼く）

5 別の韓紙に水をかけ、4の牛肉の上にのせてひっくり返して焼く。器に盛り付け、いりごまをふる。

コチュ・ジャントック
（唐辛子入りテンジャン餅）

材料

小麦粉110g、排草香の葉 50g、ニラ 50g、青唐辛子 45g、赤唐辛子 45g、えごまの葉 20g、テンジャン大さじ3、水 100mL

作り方

1 ニラと排草香の葉は1cmくらいの長さにせん切り、青唐辛子は半分に分け、種をとってみじん切りにする。

2 赤唐辛子は0.3cmくらいの厚さに斜め切りにする。えごまの葉は洗って水気を切る。

3 せん切りしたニラ排草香の葉、みじん切りした青唐辛子にテンジャンを入れて混ぜる。さらに小麦粉と水を加えてこねる。

4 蒸し器にガーゼをひき、えごまの葉を引く。えごまの葉の上に4の生地をおき、その上に赤唐辛子をトッピングする。15分くらい蒸したら出来上がり。

ヒント

排草香とえごまの葉の代わりにシソの葉を使ってもいい。

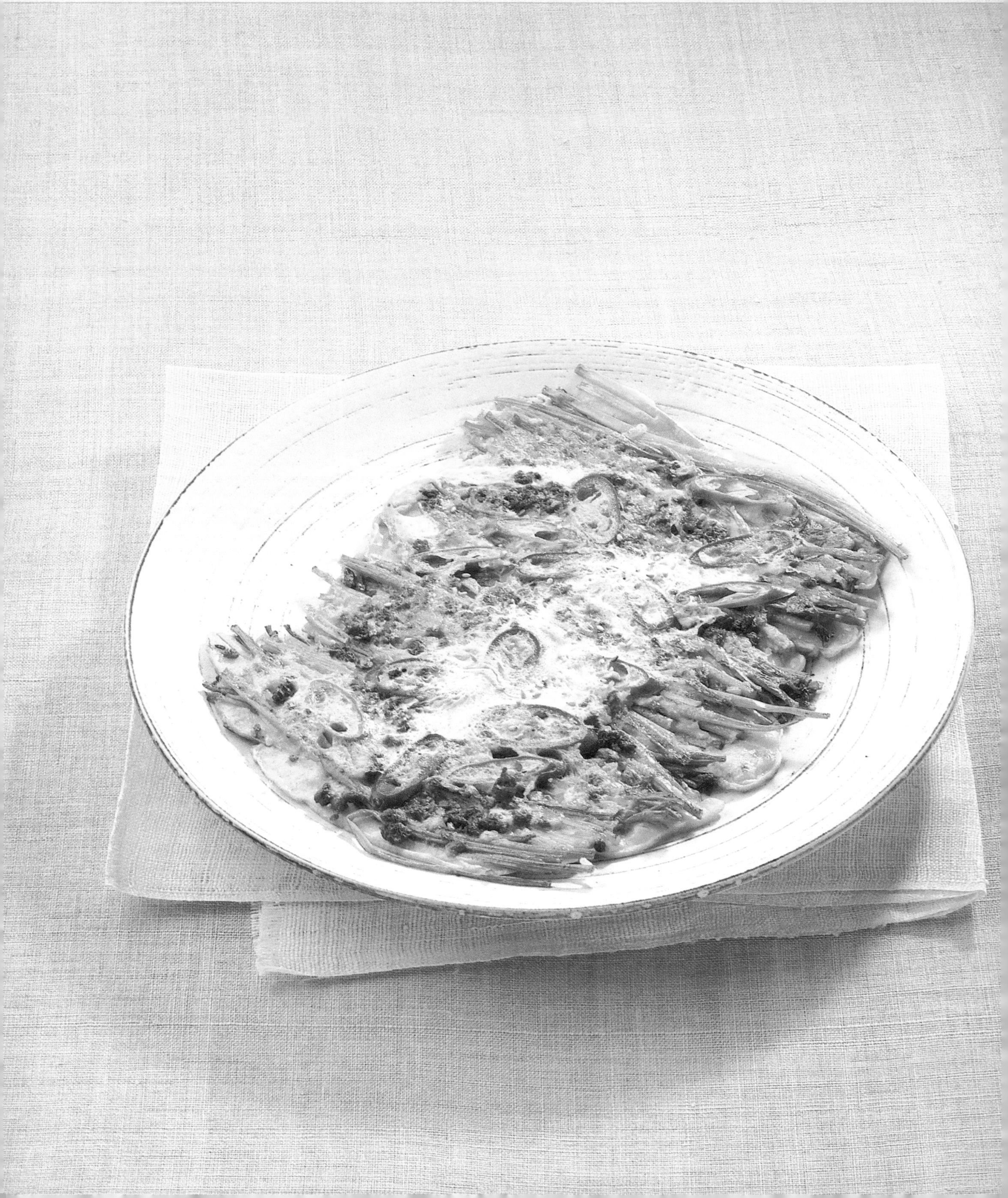

ミナリ・チョン
（せりチヂミ）

材料

セリ 200g、卵 100g、牛ひき肉 70g、米粉 75g、小麦粉　55g、青唐辛子　30g、赤唐辛子 30g、
塩 小さじ1、水 100mL、サラダ油　適量
ヤンニョム ねぎのみじん切り　大さじ1/2、にんにくのすりおろし　小さじ1、塩 小さじ1、ごま塩
・こしょう・ごま油 少々

作り方

1 セリは20cmくらいの長さに切っておく。
2 青・赤唐辛子は0.2cmくらいの幅に斜め切りをする。
3 溶き卵に水を入れて混ぜる。
4 米粉と小麦粉をふるいにかけてから塩をふり、3と混ぜてこねる。
5 牛肉は「ヤンニョム」を入れ、フライパンでなまやけになるよう炒めておく。
6 熱したフライパンにサラダ油をひき、セリを平らに広げておき、4をふりかける。
7 6の上に牛肉、青・赤唐辛子をトッピングして焼く。

豆知識

野菜は焼きすぎると美味しさが減る。野菜チヂミに海鮮や肉を
加えるなら、海鮮の身や肉を前もって炒めてから使った方がい
い。

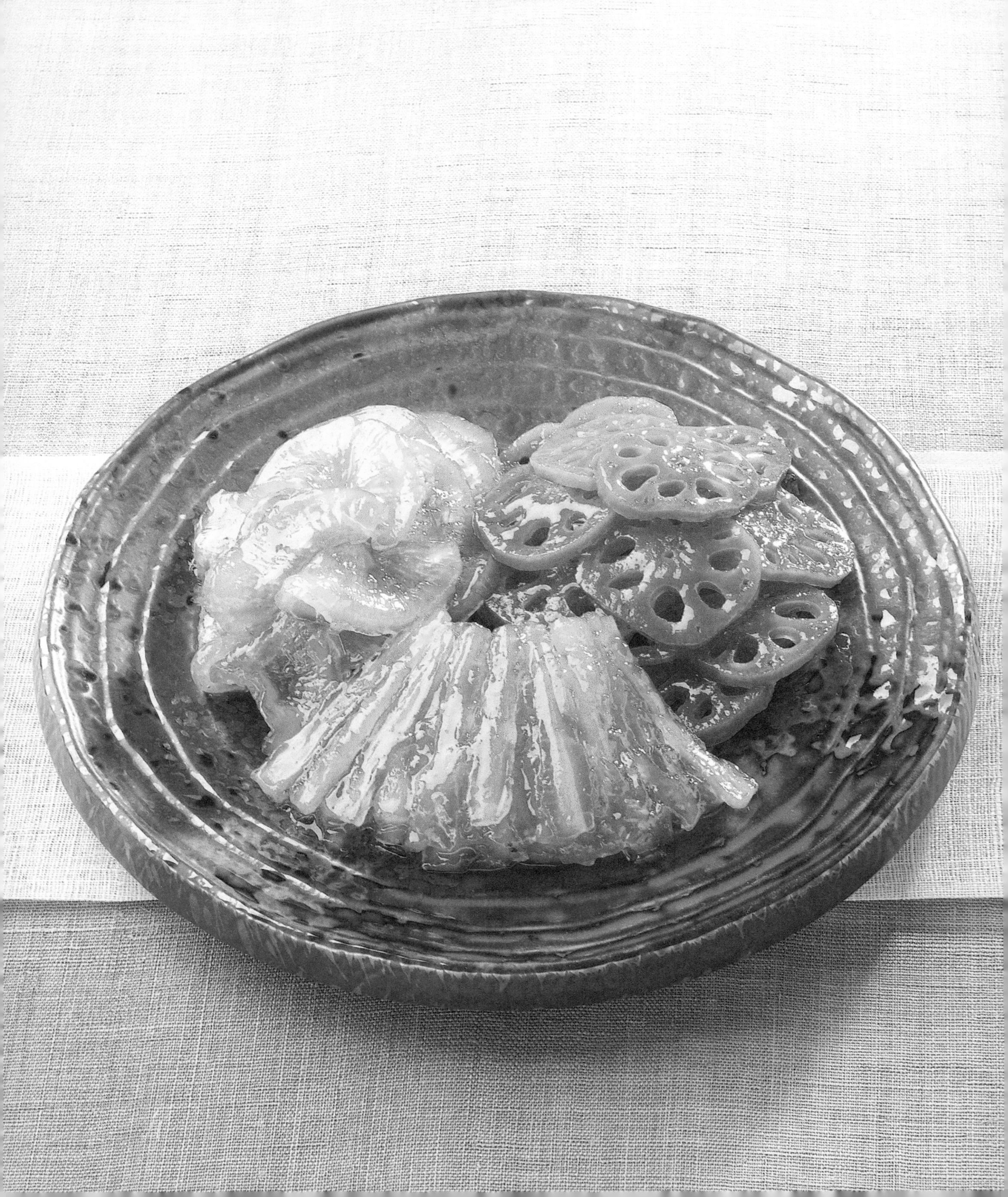

トラジ・チョングァ（キキョウ正果）

材料

キキョウ 300g、砂糖 180g、はちみつ　大さじ2、水飴 40g、塩 少々、水　400mL
クチナシの実水：クチナシの実 2個、水 140mL

作り方

1 1.キキョウは荒塩で洗い、5cmくらいの長さに切る。切る時は幅を一定に合わせることがポイント。

2 熱湯に塩を少々入れ、キキョウをさっと茹でる。苦味をとるために冷水に20〜30分ほどつけておく。

3 鍋に2と砂糖、水を入れて煮る。煮る時はアクとあわをとる。

4 砂糖水が煮詰まり、半分くらいになったら「クチナシの実水」を加え、弱火で煮る。水飴を入れてから、水分がなくなるまで煮詰める。

5 出来上がりの間際にはちみつを入れる。

ムチョングァ（大根正果）

材料

大根 200g、水飴 200g、塩 小さじ1/2、水　200mL

作り方

1 大根は半月きりにする。

2 沸騰する熱湯に塩を少々入れ1をさっと茹でる。冷水につけてから水気をきる。

3 鍋に水飴と水を入れ、ある程度煮てから2を加えて煮詰める。

ヨングンムチョングァ（レンコン正果）

材料

レンコン 300g、砂糖 180g、水飴 40g、はちみつ 大さじ2、塩 少々、水 400mL
五味子水 五味子 100g、水 100mL
酢水 酢 1カップ、水 400mL

作り方

1 レンコンは皮をむき、0.5cmくらいの厚さに輪切りをし、酢水につけておく。

2 1のレンコンを熱湯にさっと茹で、冷水につけてから水気をきる。

3 鍋に2と砂糖、水、塩を入れ、沸騰させながらアクを取る。

4 水分が半分ほどになったら五味子水を加え、弱火で煮詰める。

5 4がある程度煮詰まったら水飴を入れさらに煮詰める。出来上がりの間際にはちみつを入れる。

【　濟州道　】

高山のある濟州道は旱魃と風による被害が多い地域。水が貴重であるため、農作物の生産はそれほど豊かではない。したがって他の地方とは違う特色を持っている食が発達し、調理法もシンプルである。

この地の料理はヤンニョムをほとんどしないのが特徴だ。日持ち食品があまりなく、海藻類などが多い。海産物や野菜は生のまま食べたりした。主食は雑穀入りご飯とテンジャンスープ、キムチ、塩辛、または生野菜の和えや蒸野菜などをよく食べている。

メミルコグマ・ボンボク
（そばとさつま芋のごった煮）*

材料

そば粉　300g、さつま芋　630g、水 適量、塩 大さじ1

作り方

1 さつま芋は皮をむき3cmくらいの厚さにいちょう切りか一口大に切る。

2 鍋に水を注ぎ、さつま芋と塩を入れて茹でる。

3 さつま芋が柔らかくなったら、そば粉を少しずつ振りながら入れる。へらなどで回しながら煮る。

4 そば粉に火が通り、透明な色になったら火を止める。

豆知識

このごった煮は済州島産のさつま芋で作るとより美味しくなる。

* この頃アメリカでさつま芋はダイエットにいい食品として脚光を浴びている。

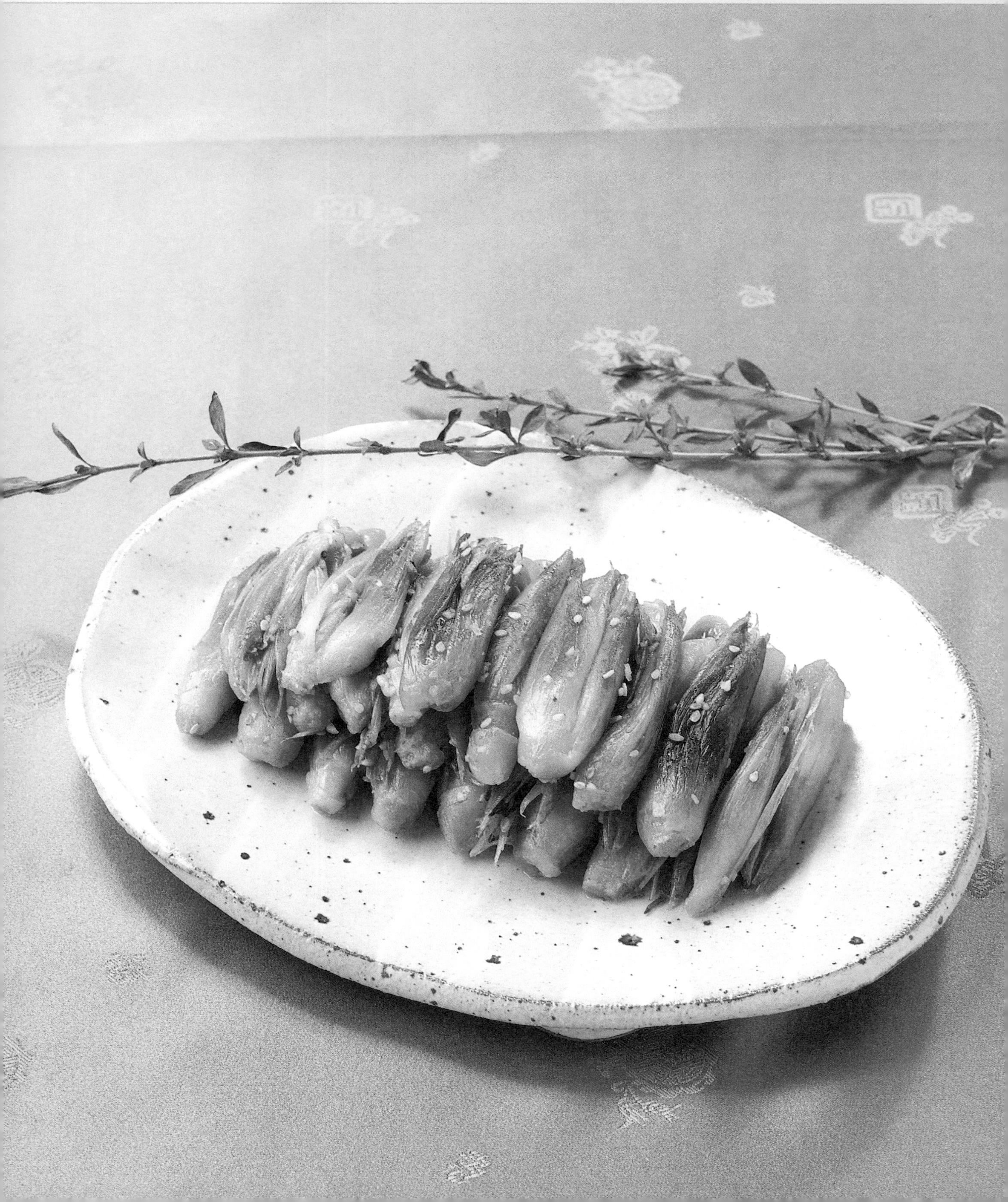

ヤンハコッデ・ムチム
（ミョウガの茎和え）

材料

ミョウガの茎 500g
ヤンニョム しょうゆ　大さじ4、にんにくのみじん切り　大さじ1、ごま油　大さじ1、ごま塩 小さじ2

作り方

1 ミョウガは皮をむき、沸騰する熱湯にさっと茹で水気を切る。
2 茹でミョウガが大きい場合は、2〜4等分する。小さいのはそのまま使う。
3 分量の材料を混ぜ、「ヤンニョム」を作る。
4 ミョウガにヤンニョムを入れて混ぜ合わせる。

ウロクコン・チョリム
（メバルの豆煮）

材料

メバル(小) 3匹、豆 70g、青唐辛子 15g、赤唐辛子 15g
ヤンニョムジャン 水 大さじ4、薄口しょうゆ 大さじ4、唐辛子粉 小さじ2、砂糖 大さじ1、にんにくのみじん切り 大さじ1、サラダ油・いりごま 少々

作り方

1 豆を水で洗い、煎って置く。

2 メバルは内臓を取り除いてよく洗い、2ヵ所に切り目を入れる。

3 青唐辛子と赤唐辛子は小口きりにし(0.3cm)、分量の材料で「ヤンニョムジャン」を作る。

4 鍋にメバル、豆、青・赤唐辛子を入れ、ヤンニョムジャンを注いで煮る。汁が少なくなるまで煮たら出来上がり。

豆知識

メバルは春から夏にかけての時期は旬である。黒のメバルの方が味が濃い。

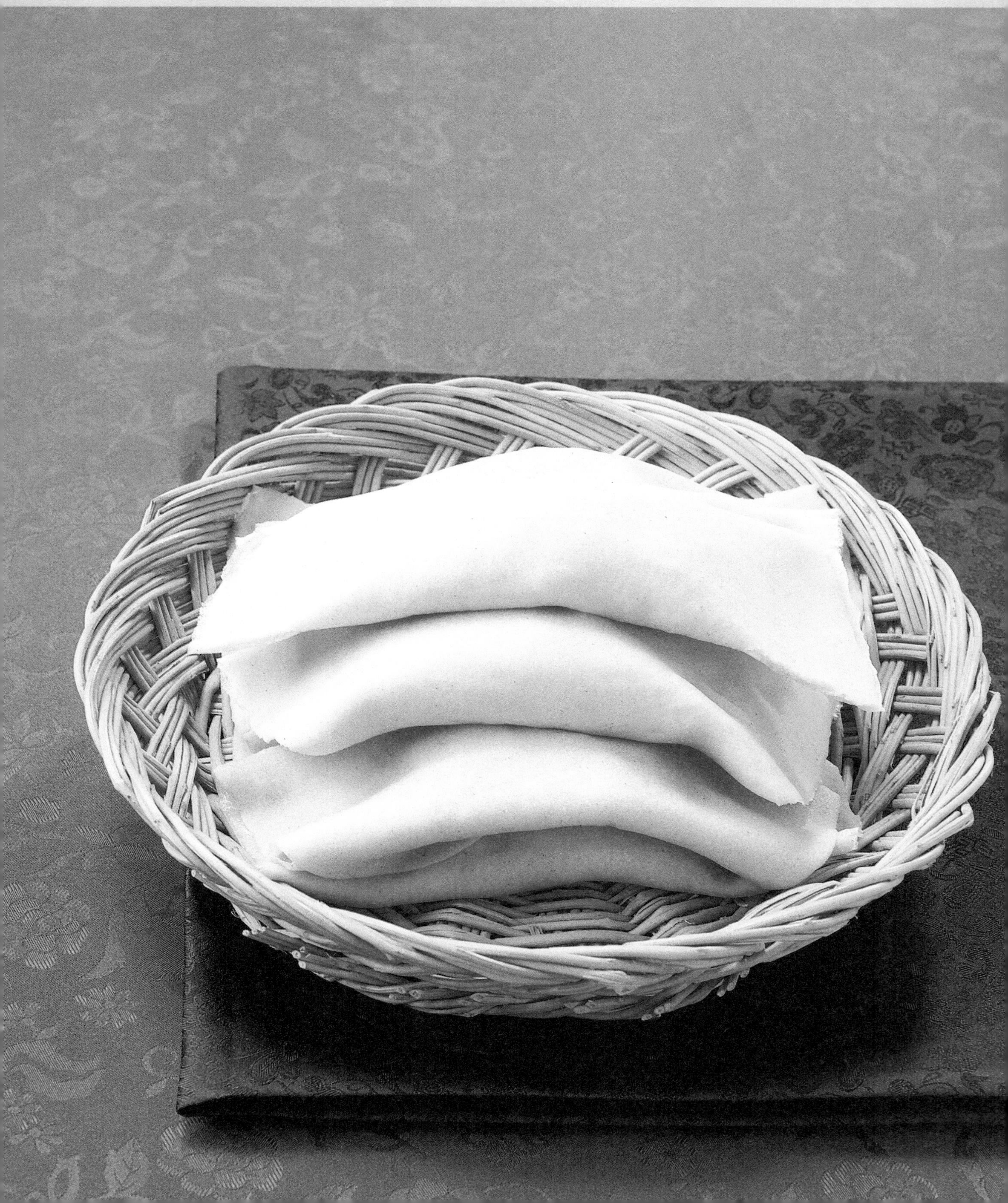

ピントック
(そばグルグル巻きもち)*

材料

そば粉 5カップ、水 1.6L、大根 800g、万能ねぎ 100g, 塩 小さじ1、ごま塩 小さじ1、ごま油 小さじ2、サラダ油 適量

作り方

1 そば粉はぬるま湯で柔らかめに溶き、塩で味を調える。

2 大根は太めのせん切りをして(5×0.3×0.3cm) 茹で、ぎゅっと絞って水気をしっかりと切る。万能ねぎは小口きりにする。(0.3cm)

3 2にごま油、塩,、ごま塩を入れてから和え、具を作る。

4 フライパンにサラダ油をひき、弱火にして1を直径20㎝くらいの大きさの薄焼きにする。

5 4をひろげて具をおき、のりまきを巻くようにぐるぐる巻いて、両端を指で強く押す。

豆知識

昔、濟州島の女性が祭りに行くとき、この餅を作って持って行ったと言う。大根のせん切り代わりに小豆を茹でて具として使ったりもしたようだ。応用の調理法でそばを硬めにこねて、餃子みたいな形を作って蒸すものがあり、名前がそば餃子餅と呼ばれていた。現在は10cmくらいの大きさで焼くのが普通だと言う。

* パーティー用の料理として適している。

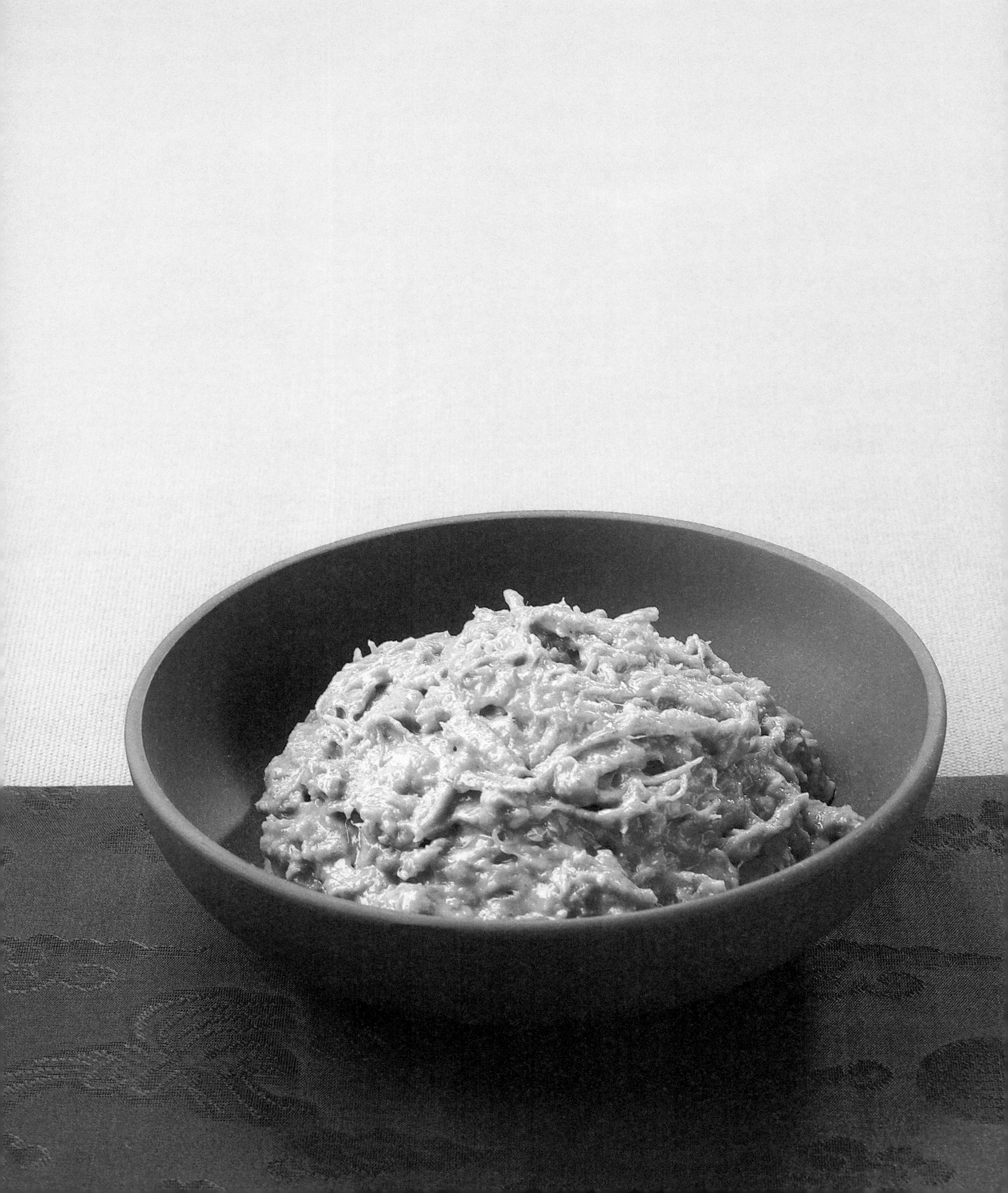

テジゴギ・ヨッ
（豚肉の甘煮）

材料

もちあわ 700g、麦芽粉 300g、豚肉（太もも） 250g、水　適量

作り方

1 もちあわは柔らかめのご飯を炊く。(蒸らす時には、普通米を炊く時より時間を長めに設定する)

2 もちあわご飯に冷水を加え、温度を下げる。
　ご飯に麦芽粉を混ぜて3〜4時間くらい置いておき、熟成させる。

3 をガーゼの袋に入れてぎゅっと絞り、汁を取って汁だけ煮る。
　一煮立ったら弱火にして10時間くらい煮込む。

4 豚肉は単独で茹で、食べやすくちぎっておく。

5 3の汁に4の豚肉入れて5〜10ほど煮たら出来上がり。

シロミ・チャ
（ガンコウ蘭-岩高蘭実の茶）

材料

ガンコウ蘭の実 2kg、砂糖(又ははちみつ) 1.5kg、水　適量

作り方

1 ガンコウ蘭の実は水で洗い、しばらくざるにおいて水気をしっかりと切る。

2 ビンの下の方に砂糖を入れてガンコウ蘭の実を入れる。その上に砂糖、ガンコウ蘭の実の順に重ねてふたを閉める。
　一ヶ月くらい経つとエキスが出てくる。

3 出てきたエキスをビンなどに保存する。飲むときにお湯や水に混ぜて出すとおいしいガンコウ蘭実の茶の出来上がり。

豆知識

ガンコウ蘭は済州島のハンラ山で自生するもので、甘みがあり
黒五味子茶より色が濃い。茎は漢方薬の材料としても使う。

한국전통향토음식(일본어)

초판 1쇄 인쇄 2020년 06월 15일
초판 1쇄 발행 2020년 06월 25일
지은이   국립농업과학원
펴낸이   이범만
발행처   **21세기사**
등록   제406-00015호
주소   경기도 파주시 산남로 72-16 (10882)
전화 031)942-7861 팩스 031)942-7864
홈페이지   www.21cbook.co.kr
e-mail   21cbook@naver.com
ISBN 978-89-8468-875-9

정가 20,000원